应用型本科机电专业规划教材

机械工程材料综合实验教程

主编　陈锐鸿

参编　欧阳志芳　陈俊健

中国轻工业出版社

图书在版编目（CIP）数据

机械工程材料综合实验教程/陈锐鸿主编 . —北京：中国轻工业出版社，2017.7

应用型本科机电专业规划教材

ISBN 978－7－5184－1365－2

Ⅰ.①机…　Ⅱ.①陈…　Ⅲ.①机械制造材料—高等学校—教材　Ⅳ.①TH14

中国版本图书馆 CIP 数据核字（2017）第 074436 号

策划编辑：王　淳

责任编辑：杨晓洁　责任终审：孟寿萱　封面设计：锋尚设计

版式设计：宋振全　责任校对：吴大鹏　责任监印：张　可

出版发行：中国轻工业出版社（北京东长安街6号，邮编：100740）

印　　刷：北京君升印刷有限公司

经　　销：各地新华书店

版　　次：2017年7月第1版第1次印刷

开　　本：720×1000　1/16　印张：12.5

字　　数：240千字

书　　号：ISBN 978-7-5184-1365-2　定价：29.00元

邮购电话：010－65241695　传真：65128352

发行电话：010－85119835　85119793　传真：85113293

网　　址：http://www.chlip.com.cn

Email：club@chlip.com.cn

如发现图书残缺请直接与我社邮购联系调换

160738J1X101ZBW

前　言

　　《机械工程材料》是机械类学生必须修读的一门重要的学科基础课程。为加深学生对课本上理论知识的理解和应用，培养学生独立获取知识的自学能力，锻炼解决问题的实践技能，提高综合素质，单独设置了《机械工程材料综合实验教程》课，让在学生自主学习的基础上，自己设计实验方案，独立完成比较复杂的综合实验操作、检测并分析实验结果、撰写实验报告。实验是设计型、综合型的实验，学生在实验过程中，需要综合运用机械制造技术、机械工程材料、工程力学等课程的知识。

　　本教材建议实验教学为32学时，采用分散性、自主式实验的方法，学生可以根据自己的时间，依次完成不同的实验单元，要求学生实验时需要认真操作，记录数据，分析问题，并在实验报告中总结实验中出现的问题和原因、解决方法、最后的实验成果。

　　本书共分为七章，其中第一、二章是阐述实验室设备的工作原理及使用方法，第三章为材料力学性能指标及检测设备的工作原理，第四章详细阐述了热处理工艺的知识，第五章介绍金相显微试样的制作及组织分析实验，第六章详细介绍了典型零件的热处理综合实验步骤及检测指标，并介绍一些典型的材料实验案例，第七章是实验任务书及常见金相图片分析。教材内容紧凑实用，可作为本科生在学习金属材料热处理工艺、零件性能检测分析、金相分析、技术报告撰写等实验知识的指导参考用书，也可作为高校开展《机械工程材料实验》的指导用书。本书第七章由欧阳志芳老师负责编写，第六章由陈俊健老师负责编写。

　　本书是在多年的实验教学基础上，综合借鉴国内高校同类实验教学的经验，根据华南理工大学广州学院的人才培养的特点编写而成，由于编者水平有限，书中仍可能存在错漏与不足之处，恳请广大读者批评指正。

编　者

2016 年 7 月

目　　录

绪　　论

一、机械工程材料综合实验的重要性

《机械工程材料》是机械类学生必须修读的一门重要的学科基础课程。为加深学生对课本上理论和概念的理解，培养学生独立获取知识的自学能力，解决问题的实践技能和综合素质，单独设置了《机械工程材料综合实验教程》课，让在学生自主学习的基础上，自己设计实验方案，独立完成比较复杂的综合实验过程、写出实验报告。为使学生更好地完成本综合实验，特编写本教材。本教材是该实验课的主要参考书。

二、机械工程材料综合实验的开展方法

机械工业和机械工程历来是国民经济建设的支柱产业和支柱学科之一，而且是基础产业和基础学科之一。随着科学技术的不断发展，对机械学科和机械类专业人才培养也提出了更高的要求。根据应用型人才培养的特点，我校单独设置了《机械工程材料综合实验教程》课程，结合我校和机械及汽车行业密切相连的特点，选择了一些零部件的热处理及分析检测作为实验的学习内容。

（一）实验课的预约

机械工程材料综合实验的上课时间将分散进行，上课时间由学生自主预约。实验预约分为若干步骤，其中学生必须完成第一步骤以后，才能进行预约第二步骤。第一步骤是实验任务的布置，每位学生将领到一份任务书，根据任务书学生必须在第一次上课以后完成实验方案的制订，并及时上网进行预约其他实验的开展时间，直至完成规定的实验课时。

（二）实验课的目的

实验课具体做法是发给每位学生一份常见工模具或机械零件产品的工艺设计任务书，让学生独立自地地选材。设计加工工艺路线并完成整个实验，将抽象的书本理论运用到生产实际相结合的实验内容。学生通过综合实验，学习到了工程实践的操作规范，掌握到了当前工厂工艺的执行办法，提高了自学能力、查阅文

献资料能力、分析和解决问题的能力，进而全面提高了综合素质。

（三）机械工程材料综合实验的教学特点及效果

1. 突出强调以学生为主，独立自主地完成实验

本实验为每位学生制订一份不相同的实验任务书，学生根据任务书的要求，独立选用材料并设计加工工艺路线，独立进行实验操作、灵活安排实验进程，独立对实验结果进行分析评定，最后完成综合实验报告的写作。在教学方式上表现出以学生独立操作为主，教师指导为辅，教师只是在学生经过了反复实验、深入思考后仍存在疑问时才给予必要的指点。同时，实验任务有一定的难度和一定的工作量，需要学生经过自身的不懈努力才可以很好地完成，只有这样，实验课的效果才能很好地体现出来。

2. 改革实验教学内容，强化实验的设计性与实践探索性

设计性：学生根据设计任务的要求，通过自行查阅相关文献资料，从材料库中选择合适的材料，并制订合理的、详细的加工工艺路线。

实践探索性：学生制订的材料热处理加工工艺路线是否完全可行，如何对实验现象进行合理分析，如何对实验效果进行评定，需要学生自己通过严格的实验来探索、检验、分析和修正。并提出正确的解决方案。这既提高了学生的分析问题和解决问题的能力，又锻炼了学生的实验技能和动手能力。

设计性与实践探索性相结合践行了理论联系实践的教学思想，设计性体现出培养学生运用所学知识的能力，实践探索性体现出通过实践深化对理论知识的理解，既丰富了学生的理论知识，又培养了学生的创新意识和求真务实的科学精神。

3. 培养学生综合运用专业理论知识和专业实验技术的能力

实验要求学生首先根据设计任务书提出的性能要求，通过查阅相关文献资料，选择合适的材料并设计具体详细的材料加工工艺路线，然后通过自己动手实验来探索、检验、分析和修正制订的材料加工工艺路线。这就会涉及众多专业知识，如金属学、金属材料学、金属力学性能、金属热处理原理和工艺、热处理设备和炉温仪表等，也应用到多种实验技术，如金相制备与分析技术、力学性能测试技术、热处理操作技术等，有利于提高学生综合运用理论知识的能力和锻炼学生树立正确操作各种仪器设备的实验技能。同时，学生的任务书都是针对最常见机械零件产品的生产工艺，通过系统实验训练，使学生对机械零件的生产工艺尤其是热处理工艺有了深刻的认识，这对于今后学生从事技术工作是十分有益的。

4. 实验教学方式，采取了独立自主、分散进行的开放式实验教学

由于实验比较复杂，学生对实验设备和操作技术比较陌生，容易在实验过程中出错。本着大胆放手让学生独立进行实验、允许失败、鼓励尝试创新的教学理念，本实验课还采取了有计划分散进行实验的做法，除教学计划时间外，允许每位学生根据自己的学习生活具体情况安排各自的实验，使每位学生都有充裕的时间进行实验，而不会因为时间紧迫胡乱对付实验，实验失败的同学可以安排时间重做实验，有浓厚兴趣的同学可以安排时间尝试创新，既充分发挥学生的主观能动性使其能够更好地完成实验，又充分利用了设备并避免了因实验条件有限对学生实验的影响，从而保证了实验教学的质量和效果。

三、机械工程材料综合实验课的要求

学生通过本课程的学习和实验实践，要求掌握下面的基本内容：

（1）通过综合实验初步掌握金属材料的化学成分、热处理工艺、组织与性能之间的关系，了解由于选取的材料不同或者同一材料选取的热处理工艺不同，得到的组织不同，进而所得到的性能也不同的实际知识和技能。

（2）了解由于热处理的各种加热设备的用途、特点和选用原则，以常见组织观察和性能检测设备（如硬度计和金相显微镜）的基本原理和使用方法。

（3）熟悉金相试样制备的基本过程及学会制备金相试样，并熟练掌握金相照片的制作过程。

（4）培养学生查阅文献资料的能力，用于指导工艺方案的制订、试验过程的检测及结果分析、并对试验结果进行综合分析，写出报告。

四、机械工程材料综合实验报告撰写大纲

综合实验报告采用统一的格式，并按如下大纲撰写：

（一）任务书

（二）设计具体零件工作条件，受力分析，从中提出具体零件的性能和金相组织要求。从多种可供选择的材料中选取一种较合适的材料，要重点分析各种不同材料中含碳量、各合金元素含量的要求和作用，其中选材的主要原则是：

（1）通过热处理，零件可以达到使用性能的要求。

（2）材料加工性能比较好（冷、热加工）。

（3）材料有较好的经济性，来源广泛。

（三）对选用材料制订合理工艺路线并实施。

（1）分析、测定给定原材料的硬度（HRC、HRA、HB 等）、金相组织（画出示意图），估计原材料是经何种热处理。

（2）选择何种预先热处理，对为什么要选择该种预先热处理，进行工艺分析，测定经预先热处理后的性能（硬度）和金相组织（画示意图）。

（3）制订淬火、回火工艺（包括加热方法、温度、保温时间、冷却方式等），对为什么要选择该种热处理工艺，进行工艺分析；选择哪种加热设备，对为什么要选择这种加热设备，如何操作；测定热处理后硬度、金相组织，写出工艺和操作要点，对热处理过程中出现的问题（如氧化、脱碳、变形、开裂、硬度偏高或偏低、均匀程度等）进行分析，最后对该设计进行综合分析。

（4）进行表面处理或化学热处理，选择哪种加热设备，分析表面处理或化学热处理的原理，制订工艺并说明如何实施该工艺；对试件测定表面硬度（HV或 HRC），测量出硬化层（或渗层）厚度、基本硬度、金相组织、分析经表面处理或化学热处理试件的质量。

（5）叙述金相照片制作过程，如何得到一张合格的金相照片。

（6）附上金相照片、标注材料、热处理工艺、渗层金相组织、厚度、基本组织、腐蚀剂、放大倍数等。

（四）综合实验心得体会

（五）参考文献、资料

第一章　热处理加热设备和测控温仪表

实验目的

(1) 了解普通热处理的设备及操作方法；

(2) 了解不同类型的电阻炉温度及控制仪表；

(3) 了解当前先进的热处理设备的工作原理。

热处理是通过加热和冷却的方法改变金属材料及制品内部的组织，从而达到所需要性能的工艺过程，要保证热处理工艺的正确执行，取得良好的热处理加工性能，必须要有良好的加热设备和准确的测控温仪表。

热处理加热炉是热处理车间的主要设备，其种类繁多，按加热方式分类，有电阻加热、盐浴加热、离子轰击加热、感应加热、电接触加热和激光加热等；按加热介质分类，有空气加热、盐浴加热、可控气氛加热和真空加热等。而电阻加热炉和盐浴炉中按工作温度又可分为高温加热炉（＞1000℃）。中温加热炉（650~1000℃），低温加热炉（＜650℃）；电阻炉中按炉膛的形状还可分为箱式电阻炉和井式电阻炉。按生产周期又可分为周期作业炉和连续作业炉，而感应加热设备，激光加热设备和电接触加热设备则是表面淬火热处理的专用设备。

第一节　热处理电阻炉

热处理电阻炉是利用电流通过高电阻元件时发热，把热量通过辐射和对流传到工件上对工件进行加热的。常用的电热元件，高温电阻炉为硅碳棒（最高使用温度为1350℃）和高温电阻丝（最高使用温度为1200℃），中低温电阻炉为铁铬铝电阻丝（最高使用温度为950℃）。

一、箱式电阻炉

箱式电阻炉的结构如图1-1所示，由炉壳、耐火层、保温层和炉门组成，炉膛内布置着电热元件，电流通过电热元件发出热量加热工件，热电偶从测温孔伸入炉内测量炉内温度。中温箱式电阻炉和1200℃高温箱式电阻炉的电热元件一般使用铁铬铝电阻丝（中温用0Cr27A17Mo2），布置在炉膛的两侧和炉底板下面，而高温箱式电阻炉的电热元件一般使用碳化硅电热元件（硅碳棒），垂直布置在炉膛的左右两侧。高温电阻炉还必须配上变压器，以调节电炉的输入功率。

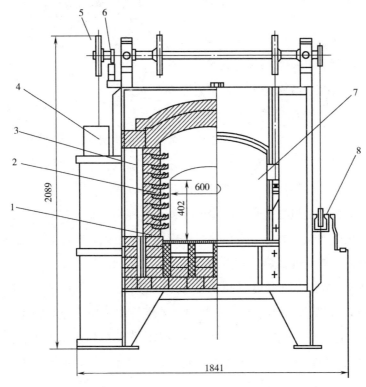

图1-1　45kW中温箱式电阻炉

1—炉底板　2—电热元件　3—炉衬　4—配重　5—炉门升降机构

6—限位开关　7—炉门　8—链轮

中温箱式电阻炉的最高使用温度为950℃，主要用于碳钢和合金钢的退火、正火、淬火和固体渗碳；1200℃高温箱式电阻炉的最高使用温度为1200℃，硅碳棒高温箱式电阻炉的最高使用温度为1300℃，主要用于高速钢刀具、高铬钢模具和高合金钢的淬火加热。

箱式电阻炉使用中存在升温慢，生产效率低，炉膛温度不均匀，温差较大，炉子密封性差，工件氧化脱碳严重和劳动条件差，劳动强度大等缺点。

实验室用的小型箱式电阻炉结构一样，只是炉膛是一整体，电热元件穿进炉壁四面分布；炉门结构简单、紧凑。

二、井式电阻炉

对于长形工件，放在箱式炉中加热时，由于工件自重而会引起弯曲变形，而且操作也不方便，采用井式炉加热可以把工件垂直悬挂起来，垂直方向装卸方便得多。

中温井式电阻炉、低温井式电阻炉和箱式电阻炉一样，它们也都由炉壳、炉衬（耐火层、保温层）和炉盖组成，井式炉的炉口在上方，电热元件分层布置在炉的"内壁"上。同样，中温和低温井式电阻炉的电热元件一般都使用铁铬铝电阻丝，只不过中温炉电热元件的表面功率大温度高，主要靠辐射把热量传给工件，而低温炉电热元件的表面功率较小，温度较低，主要靠对流传热。为使低温炉温度均匀，在炉盖下面装有风扇，强迫炉内空气循环对流。

中温井式电阻炉最高工作温度为950℃，主要用于长轴、导轨等长形零件的退火和淬火加热以及高速钢刀具的淬火预热等，而低温井式电阻炉最高工作温度为650℃，主要用于各类工件的回火处理和铝合金的固溶时效处理。

高温井式电阻炉结构和中温炉一样，也有使用含Mo电阻丝和硅碳棒两种。

井式炉除可以防止细长工件在加热时变形外，还可以直接利用各种起重吊车进行装炉、出炉，大大改善了劳动条件；但中温和高温井式炉也存在炉温不均匀，炉体量少的缺点。

三、气体渗碳炉

气体渗碳炉的构造是在中温井式电阻炉内加上一个密封的渗碳罐构成。炉盖上装有滴入渗剂的滴量器和排出废气的排气管。气体渗碳炉要求炉罐有非常好的密封性能，不使空气进入罐内，也不让炉气外溢，以保持罐内一定活性介质和压力。为保证活性介质与工件有良好的接触和均匀受热，炉内装有风扇，加速活性介质的循环。

气体渗碳炉最高工作温度为950℃，除用做渗碳外，也可以用做渗氮、碳氮共渗、硫氮共渗、蒸汽处理及重要零件的淬火、退火处理、应用相当广泛（图1-2）。

7

图1-2 气体渗碳炉

第二节 真空热处理炉和离子渗氮炉

真空热处理炉有真空退火炉、真空淬火炉、真空回火炉、真空渗碳炉、真空钎焊炉及真空烧结炉等。而按结构和加热方式，可分为外热式真空热处理炉和内热式真空热处理炉。

一、外热式真空热处理炉

外热式真空热处理炉是带密封炉罐的炉子，其结构与普通电阻炉类似，只是需要将盛放热处理工件的炉罐抽成真空。

外热式真空热处理炉结构简单，易于制造，真空室容积小，排气量少，容易达到高真空，不存在真空放电和工件与炉衬产生化学反应的问题，但炉子的热传递效率低，加热速度较慢，另外受炉罐的影响，工作温度不能太高，而且难于做到连续作业。

二、内热式真空热处理炉

内热式真空热处理炉的构造比较复杂，制造、安装精度要求高，调试困难，造价较贵，但因为可以实现快速加热、快速冷却，使用温度高，已成为真空热处理的主要用炉（图 1 - 3）。

图 1 - 3　内热式真空油淬炉

真空热处理炉用于淬火的有气淬真空炉、油淬真空炉和多用途真空炉。油淬真空炉是利用真空淬火油作为冷却介质，对工件进行淬火。常见的是双室真空淬火炉。即工件在加热室加热后，转到冷却室中用风扇吹冷、通入气体冷却或沉到淬火油中冷却。这样可保持加热室的温度，提高效率；还可隔开淬火油烟，以免油烟进入加热室造成不良影响。气淬真空炉利用气体作为冷却介质，一般多采用氮作为冷却介质。为了提高冷却速度，扩大处理钢料的范围，还发展了高压气淬真空炉、高流率气淬真空炉和高压高流率气淬真空炉。

三、真空渗碳炉

真空渗碳炉是在真空淬火炉的基础上，结合渗碳工艺的要求发展的炉型。特点是增加了渗碳的供气系统和炭黑处理系统，成套设备中，一般还配备有气体控制装置和碳势控制装置。

真空渗碳炉可代替一般气体渗碳炉供齿轮、轴、销等各类零件渗碳之用，真空渗碳时间短，渗碳质量好，劳动条件好。

四、离子渗氮炉

离子渗氮炉主要由炉体、真空系统、供气系统和电源等几部分组成。炉体结构示意图如图1-4。电源是一个可调的大功率直流电源，工作时，工件放在工作台上作为阴极，外加一阳极，抽真空到达一定真空度后，在阴阳极间加上高压直流电，达到一定的电压时，击穿稀薄的气体，使气体电离产生辉光放电，带电的离子以很高的速度轰击工件表面，使工件升温。到达渗氮温度后，通入氨气，氨被电离成N离子和H离子，N离子轰击工件表面并渗入工件形成氮化层。

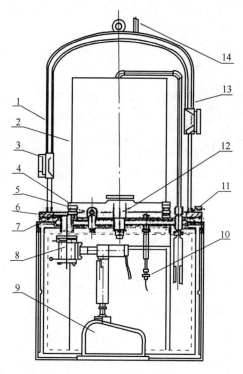

图1-4 离子渗氮炉

1—双层炉体 2—内阳极 3—观察窗 4—瓷绝缘子 5—屏蔽帽 6—阳极接线柱

7—底盘 8—真空泵 9—真空泵 10—电阻真空计规管 11—进水管 12—阴极托盘装置

13—进氨气管 14—排水管

离子渗氮渗速快，渗氮层氮浓度容易控制，渗层脆性小，工件变形小，已在生产中广泛应用。离子渗氮炉还可以进行离子渗碳、离子碳氮共渗、离子渗硫、离子氧氮化共渗等工艺。经过改装还可以进行离子渗金属，这些工艺生产上都已在应用。

离子渗氮也有一定的局限性，在同一炉中，形状、大小不一的工件难以做到温度均匀一致，甚至同一工件的不同位置都可能出现大的温差，而使渗层不均匀，特别是边角、刃口部分由于温度高，渗层会有较大的脆性。

第三节　热处理炉温度测量及控制仪表

温度、压力、流量、气氛成分等参数对热处理质量起重要的作用，而温度又是其中最重要的参数。要提高热处理产品的质量，正确制订工艺规程是很重要的，但更重要的是这些工艺在生产中能否可靠地准确地得到实现。温度测量和控制仪表就是人们用来实现对温度测量并保持在一定范围变化的仪表。

一、感温元件

感温元件是把温度转变成其他参量（如热电势）通过仪表显示出温度的元件。热处理中常用的感温元件有热电偶、热电阻、光学高温计和辐射高温计等。

1. 热电偶

热电偶是将温度转变成热电势的一种感温元件，它由一端焊在一起的两根不同材料的金属丝构成。当热电偶的冷却端有温度差时，在热电偶的回路便会产生热电势，冷热端的温差越大，热电势也越大。测温仪表就是把这种热电势测量出来，查热电势与热端温度关系的热电偶分度表就可得出热端温度，而多数仪表是直接按温度刻度的。

热电偶具有结构简单、性能稳定、使用方便、测量精度高、测量范围广的优点，在热处理生产中得到广泛的应用，图1-5是热电偶结构简图。

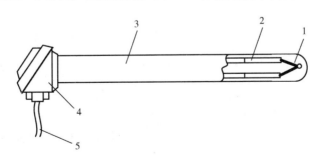

图1-5　热电偶结构

1—热电极　2—绝缘管　3—保护管　4—接线盒　5—补偿导线

热处理常用的热电偶有铂铑－铂热电偶、镍铬－镍硅（镍铝）热电偶、镍铬－康铜热电偶等。其分度号及使用范围如表 1－1。

表 1－1　　　　　　　　　热电偶分度号及使用范围

热电偶名称	分度号		使用温度范围/℃	
	新	旧	长期	短期
铂铑－铂	S	LB－3	0～1300	1500
镍铬－镍硅（镍铬－镍铝）	K	EU－2	0～1200	1300
镍铬－康铜	B	EA－2	0～600	800

2. 补偿导线

补偿导线也是一对不同材料的金属线，在使用范围内与其所配接的热电偶具有相同的温度－热电势关系。因此，利用补偿导线连接热电偶就相当于将热电偶延长了，如图 1－6，使热电偶的冷端远离炉子，处于温度较稳定的地方，提高测量的精度。

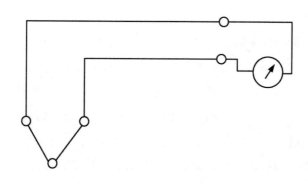

图 1－6　补偿导线的连接

选用补偿导线应注意：

各种热电偶要选用相对应的补偿导线配接，配错了会引起更大的误差；

补偿导线和热电偶连接端的温度应维持在 100℃ 以下；

通过补偿导线而延长了的新冷端仍应采取恒温或温度补偿措施；

使用补偿导线时，它的正极连接热电偶的正极，负极连接热电偶的负极。

3. 光学高温计

光学高温计的工作原理是将被测对象某一波长的辐射强度和标准灯在同一波

长的辐射强度进行比较，由已知的标准灯亮度与温度的关系来确定被测对象的温度。

光学高温计是一种间接测温仪表，可以测量很高的温度和用在各种腐蚀气氛的温度测量。热处理生产上主要用于高温盐浴炉、感应加热炉场合的温度测量。

4. 全辐射高温计

全辐射高温计是根据物体在整个波长范围内的辐射能与其温度之间的函数关系而设计的。它利用辐射感温器作感温元件，用动圈仪表或电子电位差计测量感温器产生的电势。

全辐射高温计主要用于测量高温盐浴炉的温度，它能通过显示仪表实现炉温自动控制。但测量精度比热电偶测温差。

二、动圈式温度仪表

动圈式温度仪表基本原理是把感温元件产生的热电势转换成一个流过动圈的热电流，使处于永久磁场中的动圈产生偏转，偏转角的大小与流过的热电流大小呈正比，温度越高，热电偶产生的热电势越大，动圈的偏转角越大，仪表指示的温度也越高。

动圈式温度仪表主要分为两大类，指示型（XCZ）和指示调节型（XCT）。前者只能指示（显示）温度，后者除指示温度外，还可以和交流接触器配合实现对炉温的自动控制。

动圈式仪表不足之处是怕振动，测量精度较低（1 级）和不能自动记录温度的变化，现在已逐渐被数字显示仪表所代替。

三、电子电位差计

电子电位差计的原理是通过测量桥路中热电偶产生的热电势与测量桥路进行比较产生的不平衡电压，通过变频和放大后推动可逆电机转动，而自动显示和记录温度的变化，并使桥路达到自动平衡。

电子电位差计测量精度高（0.5 级），不仅可以指示温度，还可以自动记录温度的变化，并可实现对炉温的自动控制。

电子电位差计中，热处理经常使用的是一种配热电偶的二位调节仪表XWB - 101型。

四、直流电位差计

直流电位差计是用于测量直流电势的精密仪表（0.1～0.01 级），利用它作为动圈式温度仪表、电子电位差计的校准和现场炉温校准的标准仪表。

第二章　金相显微试样的制备实验

一、原　　理

显微分析是研究金属内部组织的最重要的方法。在金相学一百多年的发展历史中，绝大部分研究工作是借助于光学显微镜完成的。近年来，电子显微镜的重要性日益增加，但是光学显微金相技术在教学、科学和生产中仍将占据一定的位置。

试样制备工作包括许多技巧，需要有长期的实践经验才能较好地掌握；同时它也比较费时和单调，往往使人感到厌烦。金相显微镜的使用之所以比生物显微镜晚二百年，其原因就是由于长期没有解决好试样制备问题。

由于研究材料各异，金相显微制样的方法是多种多样，其程序通常可分为取样、镶样、磨光、机械抛光（或电解抛光、化学抛光）、腐蚀等几个主要工序，无论哪一个工序操作不当，都会影响最终效果。因此，不应忽视任何一个环节。不适当的操作可能形成"伪组织"导致错误的分析。为能清楚地显示出组织细节，在制样过程中不使试样表层发生任何组织变化，曳尾、划痕、麻点等，有时尚需保护好试样的边缘。

二、取　　样

选择合适的、有代表性的试样是进行金相显微分析的极其重要的一步，包括选择取样部位、检验面及确定截取方法、试样尺寸等。

1. 取样部位及检验面的选择

取样部位及检验面的选择取决于被分析材料或零件的特点、加工工艺过程及热处理过程，应选择有代表性的部位。生产中常规检验所用试样的取样部位、形状、尺寸都有明确的规定（详见有关行业和国家标准）。零件失效分析的试样，应该根据失效的原因，分别在材料失效部位和完好部位取样，以便于对比分析。对铸件，必须从表面到心部，从上部到下部观察其组织差异，以了解偏析情况，以及缩孔疏松及冷却速度对组织的影响。因此，取样时要兼顾考虑，对锻轧及冷变形加工的工件，应采用纵向检查面，以观察组织和夹杂物的变形情况，而热处理后的显微组织则应采用横向截面。

2. 试样的截取

取样时，应保证被观察的截面由于截取而产生组织变化，因此对不同的材料要采用不同的截取方法：对于软材料，可以用锯、车、刨等加工方法；对于硬材料，可以用砂轮切片机切割或电火花切割等方法。对于硬而脆的材料，可以用锤击方法。在大工件上取样，可用氧气切割等方法。在用砂轮切割或电火花切割时，应采取冷却措施，以免试样因受热而引起组织变化。

3. 试样尺寸

金相试样的大小以便于握持、易于磨制为准。通常显微试样为直径 15mm、高 15 ~ 20mm 的圆柱体或边长为 15 ~ 25mm 的立方体。

对于形状特殊或尺寸细小不易握持的试样，要进行镶嵌或机械夹持。

试样取下后一般黑色金属要用砂轮打平，对于很软的材料（如铝、铜、镁等有色金属）可用锉刀锉平。磨砂轮时应利用砂轮的侧面，并使试样沿砂轮径向缓慢往复移动，施加压力要均匀。这样既可以保证使试样磨平，还可以防止砂轮侧面磨出凹槽，使试样无法磨平。在磨制过程中，试样要不断用水冷却，以防止试样因受热升温而产生组织变化。此外，在一般情况下，试样的周界要砂轮或锉刀磨成 45°角，以免在磨光及抛光时将砂纸和抛光织物划破，但是对于需要观察表层组织（如渗碳层、脱碳层）的试样，则不能将边缘磨圆，这种试样最好进行镶嵌。

三、镶　样

图 2 - 1　金相试样镶样机

一般情况下，如果试样大小合适，则不需要镶样，但试样尺寸过小或形状极不规则者，如带、丝、片、管，制备试样十分困难，就必须把试样镶嵌起来。镶嵌分冷镶嵌和热镶嵌两种。

目前一般多采用塑料镶嵌。镶嵌材料有热凝性塑料（如胶木粉）、热塑性塑料（如聚氯乙烯）、冷凝性塑料（环氧树脂加固化剂）及医用牙托粉加牙托水等。这些材料都各有其特点。

胶木粉不透明，有各种颜色，而且比较硬，试样不易倒角，但抗强酸强碱的耐腐蚀性能比较差。聚氯乙烯为半透明或透明的，抗酸碱的耐腐蚀性能好，但较软。用这两种材料镶样均需用专门的镶样机加压加热才能成型。金相试样镶样机主要包括加压设备、加热设备及压模三部分（图2-1）。

对温度及压力极敏感的材料（如淬火马氏体与易发生塑性变形的软金属），以及微裂纹的试样，应采用冷镶、洗涤后可在室温下固化，将不会引起试样组织的变化。

环氧树脂、牙托粉镶嵌法对粉末金属，陶瓷多孔性试样特别适用。电解制样时，可加入铜粉等金属填料以产生导电性，还可加入耐磨填料如 Al_2O_3 等来增加硬度及耐磨性，保持试样的边缘，填料一般在制样前加入到压镶塑料中去。机械镶嵌法，适用外形比较规则像圆柱体，薄板等（图2-2）。

低熔点合金镶嵌法，利用融溶的低溶点合金溶液浇铸镶嵌成合适的金相试样。将欲镶嵌的细小试样放置在一块平整的铁板上，用合适的金属圈或塑料圈套在试样外面，将低熔点合金注入圈内待冷却后即可。

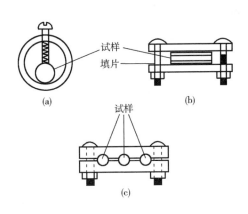

图2-2　机械镶嵌用夹具

图2-3　低熔点合金和牙托粉加牙托水镶嵌法

牙托粉加牙托水镶嵌法（图2-3），这种方法操作方便。室温下将牙托粉加适量的牙托水调成糊状（不能太稀），将欲镶嵌的细小试样放置在一块平整的玻璃上，用合适的金属圈或塑料圈套在试样外面，并迅速注入金属圈或塑料圈内待30min 后即固化，目前这样方法完全可取代低熔点合金镶嵌法。

四、磨　　光

磨光分为粗磨与精磨。

1. 粗磨的目的是为整平试样，并磨成合适的形状。

金相试样的磨光除了要使表面光滑平整外，更重要的是应尽可能减少表层损伤。每一道磨光工序必须除去前一道工序造成的变形层（至少应使前一道工序产生的变形层减少到本道工序产生的

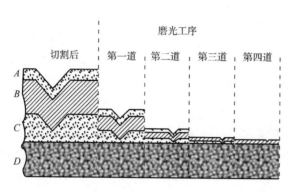

图 2-4　试样经过切削磨光后变形层厚度变化示意图

变形层深度），而不是仅仅把前一道工序的磨痕除去；同时，该道工序本身应做到尽可能减少损伤，以便于进行下一道工序。最后一道磨光工序产生的变形层深度应非常浅，保证能在下一道抛光工序中除去。图 2-4 为试样经过切割加工及四道磨光工序后，表面变形层厚度变化示意图。图中 A、B、C 均为变形层，越往里，变形量越小，D 为未受损伤的组织。此过程要注意防止金属过分发热。

2. 精磨

精磨的目的是消除粗磨时留下的较深的磨痕，为下一步抛光打好基础。精磨通常是在砂纸上进行，砂纸分水砂纸和金相砂纸。通常水砂纸为 SiC 磨料不溶于水，金相砂纸的磨料有人造刚玉、碳化硅、氧化铁等，性均极硬，呈多边棱角，具有良好的切削性能，精磨时可用水作润滑剂进行手工湿磨或机械湿磨，通常使用粒度为 240、320、400、600 四种水砂纸进行磨光后即可进行抛光，对于较软金属，应用更细的金相砂纸磨光后再抛光。

对于有一定数量的试样，精磨可用手工湿磨机（图 2-5）进行。

图 2-5 所示手工操作的砂纸湿磨设备的外形图，砂纸朝外向下倾斜

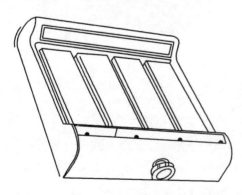

图 2-5　手工操作砂纸湿磨设备外形图

（从操作者方向看），粘贴在平板玻璃上磨制时，将试样磨面平后在砂纸上，直线向前推退回时离开砂纸，这样反复进行，直到旧的磨痕全部消失，在整个磨面上得到方向一致均匀的新磨痕为止，每换一道砂纸之前，必须先用水洗去样品和手上的砂粒，并擦干，然后将试样旋转90°在次级砂纸上磨制。使用时流动的水不停地从砂纸表面流过，及时地把绝大部分磨屑和脱落的磨粒冲走。这样在整个磨光操作过程中，磨粒的尖锐棱角始终与试样的表面接触，保持其良好的磨削作用。湿磨法的另一优点是，水的冷却作用可以减少磨光时在试样表面产生的摩擦热，避免显微组织发生变化。整个磨光工序可以在同一设备上完成。

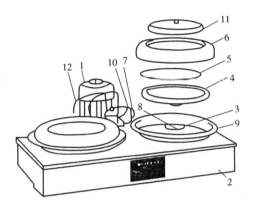

图 2-6　转盘式金相预磨机

1-电动机　2-底座　3-轴　4-底盘　5-水砂纸
6-螺钉　7-开关　8-罩　9-盘　10-调节旋钉
11-盖　12-水管

除此以外还可以采用机械磨制（图 2-6）将不同粒度的碳化硅砂纸分别置于边缘略有突起放了一些水的电动转盘上，则随着转盘转动，砂纸下面的水被甩出，砂纸被吸附在转盘上，即可进行机械湿磨，磨光效率能进一步提高。图 2-7 所示自动磨样机，使用时用水作润滑剂和冷却剂。配有微型计算机的自动磨光机，可以对磨光过程进行程序控制，整个磨光过程可以在数分钟内完成。

图 2-7　自动磨样机

五、抛　　光

抛光的目的是要尽快把磨光留下的细微磨痕除去成为光亮无痕的镜面，金相试样的抛光基本分为机械抛光、化学抛光、电解抛光三类。

1. 机械抛光

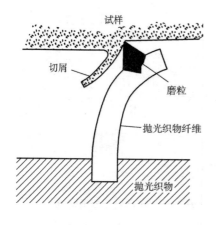

图2-8　抛光时磨粒在试样表面产生
切屑示意图

抛光的目的就是要尽快把磨光工序留下的变形层除去，并使抛光产生的变形层不影响显微组织的观察。

抛光与磨光的机制基本相同，即嵌在抛光织物纤维上的每颗磨粒可以看成是一把刨刀，根据它的取向，有的可以切除金属，有的则只能使表面产生划痕。由于磨粒只能以弹性力与试样作用（图2-8），它所产生的切屑、划痕及变形层都要比磨光时细小和浅得多。

抛光操作的关键是要设法得到最大的抛光速率，以便尽快除去磨光时产生的损伤层，同时要使抛光产生的变形层不致影响最终观察到的组织，即不会产生假象。这两个要求是有矛盾的，前者要求使用较粗的磨料，但会使抛光变形层较深；后者要求使用最细的磨料，但抛光速率较低。解决这个矛盾的最好办法是把抛光分为两个阶段来进行。首先是粗抛，目的是除去磨光的变形层，这一阶段应具有最大的抛光速率，粗抛本身形成的变形层是次要的考虑，不过也应尽可能小。其次是精抛（又称终抛），其目的是除去粗抛产生的变形层，使抛光损伤减到最小。

以往，粗抛常用的磨料是粒度为 $10 \sim 20 \mu m$ 的 $\alpha - Al_2O_3$、Cr_2O_3 或 Fe_2O_3，加水配成悬浮液使用。目前，人造金刚石磨料已逐渐取代了氧化铝等磨料，因其具有以下优点：

（1）与氧化铝等相比，粒度小得多的金刚石磨粒，抛光速率要大得多，例如 $4 \sim 8 \mu m$ 金刚石磨粒的抛光速率与 $10 \sim 20 \mu m$ 氧化铝或碳化硅的抛光速率相近；

（2）表面变形层较浅；

（3）抛光质量好。

通常，使用金刚石膏状磨料的抛光速率远比悬浮液大。金刚石磨料的价格虽高，但抛光速率大，切削能力保持的时间也长，因此它的消耗量少，只要注意节约使用，并合理选择抛光机的转速（采用机械抛光时应为 $250 \sim 300r/min$，自动抛光时应为 $150r/min$），就可以充分发挥其优越性。用金刚石研磨膏进行粗抛时，一般先使用粒度为 $3.5\mu m$ 的磨料，然后再使用粒度为 $1\mu m$ 的磨料，对于较软的材料要使用粒度为 $0.5\mu m$ 的磨料才可获得最佳效果。

尽管对于磨光及粗抛已经有了比较成熟的原则，但是对于精抛，还要求操作者有较高的技巧。常用的精抛磨料为 MgO 及 $\gamma - Al_2O_3$，其中 MgO 的抛光效果最好，但抛光效率低，且不易掌握；$\gamma - Al_2O_3$ 的抛光速率高，且易于掌握。

近年来已有在抛光机上配置微型计算机的，使抛光过程自动化，抛光机可以按照规定的参数（如转速、压力、润滑剂的选择、磨粒喷撒频率等）进行工作，这些参数还可以随时间而变。对于某种材料的金相试样，只要建立了最佳制样参数，制样效果的重复性很好，工作效率大大提高。不过这种制样设备并不能完全取代金相技术人员的工作，它只能按照人们预制定的程序进行工作。

2. 电解抛光

机械抛光时，试样表面要产生变形层，影响金相组织显示的真实性。电解抛光可以避免上述问题，因为电解抛光纯系电化学的溶解过程，没有机械力的作用，不引起金属的表面变形。对于硬度低的单相合金以及一般机械难于抛光的铝合金、镁合金、铜合金、钛合金、不锈钢等宜采用此法。此外，电解抛光对试样磨光程度要求低（一般用 800 号水砂纸磨平即可），速度快，效率高。

但是电解抛光对于材料化学成分的不均匀性，显微偏析特别敏感，非金属夹杂物处会被剧烈地腐蚀，因此电解抛光不适用于偏析严重的金属材料及作夹杂物检验的金相试样。

电解抛光的装置如图 2－9（a）所示。试样接阳极，不锈钢板作阴极，放入电解液中，接通电源后，阳极发生溶解，金属离子进入溶液中。电解抛光的原理现在一般都用薄膜假说的理论来解释，如图 2－9（b）所示。

电解抛光时，在原来高低不平的试样表面上形成一层具有较高电阻的薄膜，试样凸起部分的膜比凹下部分薄，膜越薄电阻越小，电流密度越大，金属溶解速度越快，从而使凸起部分渐趋平坦，最后形成光滑平整的表面。在抛光操作时必须选择合适的电压，控制好电流密度，过低和过高电压都不能达到正常抛光的目的。

电解抛光有专用的自动电解抛光仪，图 2－10 为仪器的构造示意图。电解抛

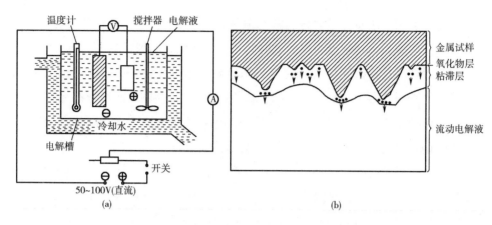

图 2-9　电解抛光装置与电解抛光原理

（a）电解抛光装置　　（b）电解抛光原理

光所用的电解液可在有关手册中查到。

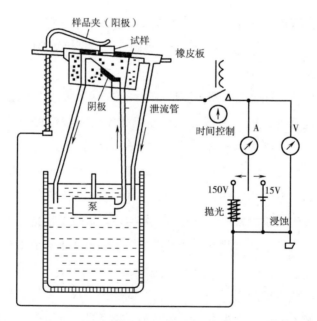

图 2-10　自动电解抛光仪

3. 化学抛光

化学抛光是靠化学溶解作用得到光滑的抛光表面。这种方法操作简单，成本低廉，不需要特别的仪器设备，对原来试样表面的光洁度要求不高，这些优点都给金相工作者带来很大方便。

化学抛光的原理与电解抛光类似，是化学药剂对试样表面不均匀溶解的结果。在溶解的过程中表层也产生一层氧化膜，但化学抛光对试样原来凸起部分的溶解速度比电解抛光慢，因此经化学抛光后的磨面较光滑但不十分平整，有波浪起伏。这种起伏一般在物镜的垂直鉴别能力之内，适于用显微镜作低倍和中倍观察。

化学抛光是将试样浸在化学抛光液中，进行适当的搅动或用棉花经常擦拭，经过一定时间后，就可以得到光亮的表面。化学抛光兼有化学腐蚀的作用，能显示金相组织，抛光后可直接在显微镜下观察。

化学抛光液的成分随抛光材料的不同而不同。一般为混合酸溶液，常用的酸类有：正磷酸、铬酸、硫酸、醋酸、硝酸及氢酸；为了增加金属表面的活性以利于化学抛光的进行，还加入一定量的过氧化氢。化学抛光液经使用后，溶液内金属离子增多，抛光作用减弱，需经常更换新溶液。

六、金相试样的腐蚀

试样机械抛光后，在显微镜下，只能看到光亮的磨面及夹杂物等。要对试样的组织进行显微分析，还必须让试样经过腐蚀。常用的腐蚀方法有化学腐蚀法和电解腐蚀法（观察非金属夹杂的金相试样，直接采用光学法，不需要作任何腐蚀）。

1. 化学腐蚀

化学腐蚀是将抛光好的样品磨光面在化学腐蚀剂中腐蚀一定时间，从而显示出其试样的组织形貌。

纯金属及单相合金的腐蚀是一个化学溶解的过程。由于晶界上原子排列不规则，具有较高自由能，所以晶界易受腐蚀而呈凹沟，使组织显示出来，在显微镜下可以看到多边形的晶粒。若腐蚀较深，则由于各晶粒位向不同，不同的晶面溶解速率不同，腐蚀后的显微平面与原磨面的角度不同，在垂直光线照射下，反射进入物镜的光线不同，可看到明暗不同的晶粒（如图 2 - 11 所示）。

两相合金的腐蚀主要是一个电化学腐蚀过程。两个组成相具有不同的电极电位，在腐蚀剂中，形成极多微小的局部电池。具有较高负电位的一相成为阳极，被溶入电解液中而逐渐凹下去；具有较高正电位的另一相为阴极，保持原来的平面高度。因而在显微镜下可清楚地显示出合金的两相。图 2 - 12 为镁 - 锌合金与珠光体组织两相腐蚀后的情况。多相合金的腐蚀，主要也是一个电化学的溶解过程。在腐蚀过程中腐蚀剂对各个相有不同程度的溶解。必须使用合适的腐蚀剂，

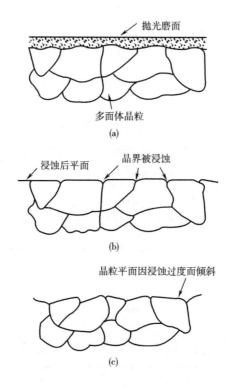

图 2 – 11　纯金属及单相合金化学腐蚀情况示意图

如果一种腐蚀剂不能将全部组织显示出来，就应采取两种或更多的腐蚀剂依次腐蚀，使之逐渐显示出各相组织，这种方法也叫选择腐蚀法。另一种方法是薄膜染色法。此法是利用腐蚀剂与磨面上各相发生化学反应，形成一层厚薄不均的膜（或反应沉淀物），在白光的照射下，由于光的干涉使各相呈现不同的色彩，从而达到辨认各相的目的。

(a) 镁锌合金，500X　　　　　　　　(b) 珠光体组织，500X

图 2 – 12　两相合金的腐蚀

化学腐蚀的方法是显示金相组织最常用的方法。其操作方法是：将已抛光好的试样用水冲洗干净或用酒精擦掉表面残留的脏物，然后将试样磨面浸入腐蚀剂中或用竹夹子或木夹夹住棉花球蘸取腐蚀剂在试样磨面上擦拭，抛光的磨面即逐渐失去光泽；待试样腐蚀合适后马上用水冲洗干净，用滤纸吸干或用吹风机吹干试样磨面，即可放在显微镜下观察。试样腐蚀的深浅程度要根据试样的材料，组织和显微分析的目的来确定，同时还应与观察者所需要的显微镜的放大率有关；高倍观察时腐蚀稍浅一些，而低倍观察则应腐蚀较深一些。

2. 电解腐蚀

电解腐蚀所用的设备与电解抛光相同，只是工作电压和工作电流比电解抛光时小。这时在试样磨面上一般不形成一层薄膜，由于各相之间和晶粒与晶界之间电位不同，在微弱电流的作用下各相腐蚀程度不同，因而显示出组织。此法适于抗腐蚀性能强、难于用化学腐蚀法腐蚀的材料。

若试样制备好后需要长期保存，则需要在腐蚀过的试样观察面上涂上一层极薄的保护膜，常用的有火棉胶或指甲油等。

第三章　金属材料的力学性能试验

实验目的

　　零件的性能测试是金属材料性能的主要参数之一，硬度测试在热处理工艺前后是常用的性能检测方法。本章介绍材料力学性能试验的原理及测试方法。

　　(1) 了解硬度测定的基本原理和应用范围。

　　(2) 了解布氏、洛氏、维氏硬度实验机的主要结构及操作方法。

　　(3) 掌握所开展项目的零件材料硬度检测方法的选择，硬度值的测量方法。

　　(4) 分析零件性能与材料工艺、组织成分之间的关系。

第一节　硬　度　试　验

一、硬度试验的意义及分类

　　硬度是金属材料力学性能中最常用的性能指标之一，是表征金属在表面局部体积内抵抗变形或破裂的能力。压入法硬度试验是表征金属抵抗变形的能力，刻划法硬度试验是表征金属抵抗破裂的能力。

　　压入法硬度试验应力状态最软（即最大切应力远大于最大正应力），不论是塑性材料或脆性材料均可采用，可以用来测定淬火钢，硬质合金甚至玻璃钢、陶瓷等脆性材料的性能。

　　金属的硬度虽然没有确切的物理意义，但是它不仅与静强度、疲劳强度存在近似的经验关系，还与冷成型性，切削性，焊接性等工艺性能间也存在某些联系。因此硬度值对于控制材料冷热加工工艺质量也有一定参考意义。对于玻璃、陶瓷等脆性材料，硬度还与材料的断裂韧度存在一定的经验关系。此外表面硬度和显微硬度试验反映了金属表面及其局部范围内的力学性能，因此可以用于检验材料表面处理或微区组织鉴别。

硬度试验大致可分为三类：

（1）压入法，主要有布氏硬度，洛氏硬度，维氏硬度、显微硬度、努氏硬度；

（2）回跳式，如肖氏硬度；

（3）刻划法，如莫氏硬度。

上述硬度试验法均在不同的工业生产领域中得到了广泛的应用。

二、布氏硬度试验法

布氏硬度试验是用一定的静力载荷 P，将直径为 D 的淬火钢球或硬质合金球压入被测材料的表面，保持一定的时间后卸载负荷，测量试样表面的压痕直径 d，计算单位压痕的面积上承受的压力，即计算试样上的钢球或硬质合金球压痕的球面积 S 上承受的平均压力作为布氏硬度值。如图 3 - 1 所示。

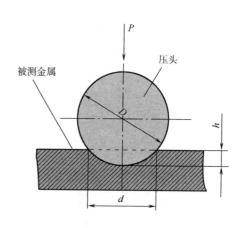

图 3 - 1 布氏硬度试验原理

$$HBS（或 HBW）= \frac{0.204F}{\pi D\left(D - \sqrt{D^2 - d^2}\right)}$$

式中 HBS（或 HBW）——布氏硬度值（HBS 压头为淬火钢球；HBW 压头为硬质合金球）。

用目测显微镜测出压痕直径 d 即可计算出硬度值 HBS（HBW）。实际测量时，可根据测出的 d 值从对照表中直接查出 HBS（或 HBW）值。

布氏硬度低于450的金属材料试验时其压头可选用淬火钢球，布氏硬度值在 450～650 之间的金属材料试验时其压头可选用硬质合金球。在进行布氏硬度试验时，应根据被测试金属材料的种类和试样厚度，选出不同大小的压头直径 D，施加负荷 F 和负荷保持时间 t。按 GB/T 231.1—2009 规定，压头直径有 10、5、2.5、2、1mm 五种；负荷与压头直径平方的比值（F/D^2）有 30、15、10、5、2.5、1.25 和 1 七种；负荷的保持时间为，黑色金属 10～15s。有色金属 30s，布氏硬度值低于 35 时为 60s（表 3 - 1）。

表 3 − 1　　　　　　　　　　　常用布氏硬度试验规范

金属材料	布氏硬度 HB	试样厚度/mm	F/D^2	钢球直径 D/mm	载荷 F/kg	加载时间/s
钢及铸铁	140 ~ 450	6 ~ 3	30	10	3000	10
		4 ~ 2		5	750	
		< 2		2.5	187.5	
	< 140	> 6	10	10	1000	10
		6 ~ 3		5	250	
有色金属	> 130	6 ~ 3	30	10	3000	30
		4 ~ 2		5	750	
		< 2		2.5	187.5	
	35 ~ 130	9 ~ 3	10	10	1000	30
		6 ~ 3		5	250	
	< 45	> 6	2.5	10	250	60

图 3 − 2　布氏硬度试验机

布氏硬度单位为 kgf/mm^2，但习惯上只写明硬度的数值而不标出单位。一般硬度符号 HBS（或 HBW）前面的数值为硬度值，符号后面的数值依次表示球体直径、负荷大小及负荷保持时间（保持时间为 10 ~ 15s 时不标注）。例如，120HBS10/1000/30 表示用直径为 10mm 的钢球，在 1000kgf（9807N）负荷作用下保持 30s，测得的布氏硬度值为 120。500HBW5/750 表示用直径为 5mm 的硬质合金球，在 750kgf（9355N）负荷作用下保持 10 ~ 15s，测得的布氏硬度值为 500。

布氏硬度试验应在布氏硬度试验机上进行。常用的布氏硬度试验机（图 3 − 2）有油压式和机械式两大类。试验操作步骤为：

（1）选定压头，装入主轴衬套中。

然后选定负荷，加上相应的砝码，确定加载时间；

（2）接通电源，使指示灯点亮；

（3）将试样置于工作台上，顺时针转动手轮，升高工作台，使压头压向试样表面，直至手轮对下面螺母不做相对运动为止；

（4）按动加载按钮，启动电动机即施加试验力，到持续时间后即自行卸载停止；

（5）逆时针转动手轮，降下工作台，取下试样，用读数显微镜测出压痕直径 d，据此值从对照表中即可查出 HB 值。

新的布氏硬度计采用了电子计时取代机械计时，结构简单，使用更为方便。

布氏硬度试验后，压痕直径 d 应对 0.25~0.6D 范围，否则试验结果无效。

布氏硬度试验的优点是压痕面积比较大，能反映较大体积范围内的各组成物的平均性能，代表性较全面。试验结果也较稳定和材料的抗拉强度有近似关系。

对于钢铁材料

$$R_m \; (\sigma_b) \; (MPa) \approx 3.3HB$$

进行布氏硬度试验查压痕直径—布氏硬度对照表时应注意：

1）钢球直径 D 与试验力 F 的关系应符合 $F/D^2 = 30$、15、10、5，才可以在硬度对照表上查得硬度值，在硬度对照表是应查相应的位置。

2）查硬度对照表时，压痕直径 $d5$ 和 $d2.5$ 应乘以 2 和 4，即以 $2d5$ 和 $4d2.5$ 查表。

在工厂，日常检查大锻件、大铸件的布氏硬度值时，可采用锤击式简易布氏硬度计（图 3-3），它的主要部分有钢球、锤击杆及标准试样。试验时使钢球抵住工作表面，并使握持器与被测表面垂直，用手锤敲击锤击杆顶端一次，钢球在工件表面及标准试样上同时打出一个压痕，测出工件的压痕直径 d 和标准试样的压痕直径 d'，查表就可求得工件的布氏硬度值。

图 3-3　HBC 型锤击式简易布氏硬度计

三、洛氏硬度试验法

洛氏硬度试验法是目前工厂生产检验中应用最广泛的硬度试验方法。洛氏硬度试验的原理是用一个顶角为120°的金刚石圆锥体或直径为1.588mm（1/16英寸）的淬火钢球为压头。在规定的载荷作用下，压入被测金属表面，然后根据压痕深度来确定试件的硬度值。

金刚石圆锥压头的洛氏硬度试验原理是：试验时，先初加载荷98.07N（10kg），使压头紧密接触试件表面。此时压入深度为h_0，然后加上主载荷，继续压入深度为h_1，待总载荷（初载荷+主载荷）全部加上并稳定后停留5~10s，将主载荷去除，由于金属弹性变形的恢复，压头回复深度为h_2，压头在主载荷作用下压入金属中的塑性变形深度就是h（$h = h_1 - h_2$），以此来衡量被测金属的硬度。显然，h越大，金属的硬度值越低；反之，硬度越高。采用一个常数K减去h来表示硬度值的高低，并以每0.002mm的压痕深度为一个硬度单位。由此获得的硬度值称为洛氏硬度，用HR表示。即

$$HR = (K - h) / 0.002$$

式中K为常数，用金刚石圆锥压头时，$K = 0.2$mm；用淬火钢球压头时，$K = 0.26$mm 由此获得的洛氏硬度值HR只表示硬度高低而没有单位，试验时，可由硬度计的指示器上直接读出。根据金属材料软硬程度不统一，可选用不同的压头和载荷配合使用，测得的硬度值分别用不同的符号来表示（表3-2）。

表3-2　　　　　　　常用洛氏硬度标尺的试验条件和应用范围

标尺符号	所用压头	总载荷/kg	测量范围	应用范围
HRA	120°金刚石圆锥	60	60~85	硬质合金、淬火工具钢、表面硬化钢
HRB	1/16（Φ1.588）钢球	100	25~100	软钢、铜合金、铝合金、可锻铸铁
HRC	120°金刚石圆锥	150	20~70	淬火钢、调质钢、深层表面硬化钢

常用洛氏硬度计结构原理如图3-4所示。其主要部件包括机体和工作台、加载机构、千分表指示盘。

试验时，将符合要求的试样置于试样台上，顺时针旋转手轮，使试样与压头缓慢接触，直至表盘小指针指到红点为止，此时已加预载荷98N（10kgf）。然后

将表盘大指针调整至零点（HRA、HRC 零点为 0，HRB 零点为 30）。按下按钮，平稳地加上主载荷。表盘中大指针反向旋转若干格后停止，持续几秒（视材料软硬程度而定）之后再顺时针旋转摇柄，直到自锁时，即卸去主载荷。大指针退回若干格，最后由表盘上可直接读出洛氏硬度值（HRA、HRC 读外圈的刻度，HRB 读内圈的刻度）。

上述洛氏硬度试验应在试样的平面上进行，若在曲率半径较小的柱面上测定硬度时，应在测定的硬度值上，再加上一定的修正值。

修正值的大小可由 GB/T 230.1—2004 附表中查得。洛氏硬度试验法的优点是操作迅速简便，由于压痕小，故可在工件表面或较薄的金属上进行试验。其缺点是因压痕小，对组织比较粗大且不均匀的材料，测得的硬度值重复性差，分散度大，不同的标度测定的硬度值不能直接进行比较（图 3-4）。

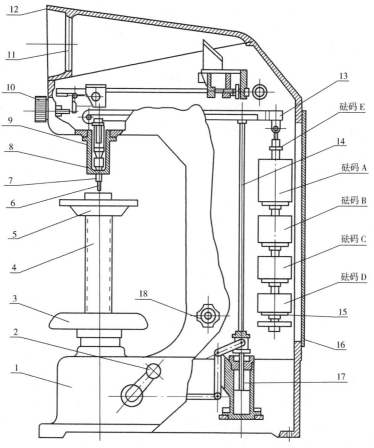

1—机身　2—手柄　3—手轮　4—丝杠　5—工作台　6—压头　7—禁固螺钉　8—主轴　9—弹簧　10—调整旋钮
11—投影屏　12—顶罩　13—杠杆　14—推杆　15—砝码台　16—后盖板　17—活塞　18—变换旋钮

图 3-4　洛氏硬度计结构原理图

由于洛氏硬度试验的载荷较大，不宜用来测定极薄的工件及氮化层，金属镀层等的硬度，这时可使用表面洛氏硬度计。其最初载荷为 3kg（29.4N），总载荷为 15kg（147.2N）、30 kg（294.3N）、45kg（147.2N），常数 K 取 0.1mm，以 0.001mm 为一个硬度单位。

使用洛氏硬度计的注意事项：

（1）试块支承面必须和支承台接触良好、平稳，试验面必须有较高的光洁程度。

（2）加载过程不能移动试块，以免损坏压头。

（3）更换试验力时，必须在卸载的情况下进行，以免损坏硬度计。

（4）第一、第二次的试验值会偏低，可以舍去。

（5）两个试验点或与边缘的距离应大于 3mm。

第二节　金属的静拉伸试验

拉伸试验是力学性能试验中最基本的试验，是检验金属材料质量和研制、开发材料新品种工作最重要的试验项目之一。在金属材料的技术条件中。绝大部分都以拉伸性能作为主要评定指标。同时，拉伸性能的数据又是机械制造和工程中选材的主要依据。

金属的拉伸试验试样和试验方法，新标准为 GB/T228–2002《金属材料室温拉伸试验方法》，旧标准为 GB6397–86《金属拉伸试验试样》和 GB228–87《金属拉伸试验方法》。

金属的力学性能，主要是指金属的强度和塑性。金属的强度，就是金属抵抗变形和断裂的能力，即单位面积上所能承受的载荷，用符号 R（σ）表示，单位为 N/mm^2（MPa）。金属的塑性，就是金属在发生断裂前发生不可逆永久变形的能力，一般用断后伸长率和断面收缩率这两个指标来表示，其符号分别为 A（δ）和 Z（ψ），二者均以百分比表示。新标准的符号 R、A、Z 与旧标准的 σ、δ、ψ 等同，单位不变。

金属的拉伸试验可以测得强度和塑性，金属的强度指标主要有规定非比例延伸强度 R_P（规定非比例伸长应力 σ_P）、规定总延伸强度 R_t（规定总伸长应力 σ_t）、规定残余延伸强度 R_r（规定残余伸长应力 σ_r）、上屈服强度 R_{eH}、下屈服强度 R_{el}（上屈服点、下屈服点），抗拉强度 R_m（σ_b）等；金属的塑性指标主要有断后伸长

率 A（δ）、屈服点伸长率 A_e、最大力下的伸长率 A_g、断面收缩率 Z（ψ）等。

一、钢的强度指标

钢的强度一般是万能试验机上通过拉伸试验测定的。拉伸试验时，试样在负荷平稳增长下发生变形直至断裂。此时利用万能试验机上的自动绘图装置，可以绘出试样在拉伸过程中伸长与负荷之间的关系曲线（拉伸曲线），即 $F - \Delta L$ 曲线，图 3 – 5 为低碳钢试样的拉伸曲线和应力应变曲线。

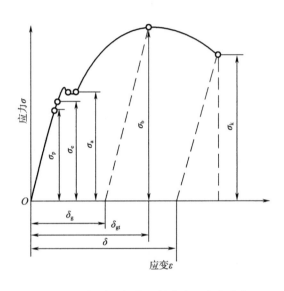

图 3 – 5　低碳钢拉伸试样应力 – 应变曲线

1. 规定非比例延伸强度（R_P）

规定非比例延伸强度，就是试样标距的非比例延伸率等于规定的引伸计标距百分率时的应力（图 3 – 6）。使用的符号附以下脚注说明所规定的百分率。如 $R_{P0.2}$ 表示规定非比例延伸率为 0.2 时应力。

采用图解法测定规定非比例延伸强度的作图步骤：在曲线图上，划一条与曲线的弹性直线段部分平行，且在延伸轴上与此直线段的距离等效于规定非比例延伸（ε_p）的直线，此平行线与曲线的交截点给出的相应于所求规定非比例延伸强度的力（F_p）。此力除以试样原始横截面积（S_0）得到规定的非比例延伸强度 R_P（N/mm^2）。

$$R_P = F_p / S_0$$

2. 规定总延伸强度（R_t）

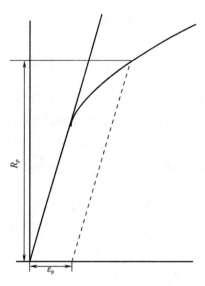

图 3 – 6　规定非比例延伸强度 R_p

ε_p – 规定非比例延伸率

　　规定总延伸强度就是试样标距部分的总延伸率（弹性延伸加塑性变形延伸）等于规定的原始标距百分率时的应力（图 3 – 7）。表示此应力的符号应加脚注说明，例如 $R_{t0.5}$ 表示规定总延伸率为 0.5% 时和应力。

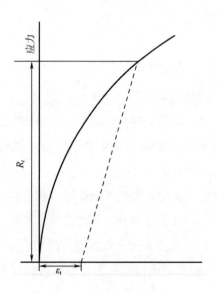

图 3 – 7　规定总延伸强度 R_t

ε_t – 规定总延伸率

采用图解法测定规定总延伸强度：在曲线图上，划一条平行于力轴并与该轴的距离等效于标距的规定总延伸率 ε_1 的平行线，此平行线与曲线的交截点给出相应于规定总延伸强度的力（F_t）。此力除以试样原始横截面积（S_0）得到规定总延伸强度 R_t（N/mm^2）。

$$R_t = F_t/S_0$$

3. 规定残余延伸强度（R_r）

规定残余延伸强度，就是卸除应力后残余延伸率等于规定原始标距百分率时对应的应力（图 3-8）。使用的符号就附注下脚注明所规定的百分率。如 $R_{r0.2}$ 表示规定残余延伸率为 0.2 时的应力。

测量时，试样施加相应于规定残余延伸强度的力，保持力不变 10～12s，卸除力后验证标距部分的残余延伸率未超过规定的百分率时的应力。

$$R_r = F_r/S_0 \quad (N/mm^2)$$

上述三个定义适用于在拉伸无明显屈服现象的高碳钢和一些调质钢。

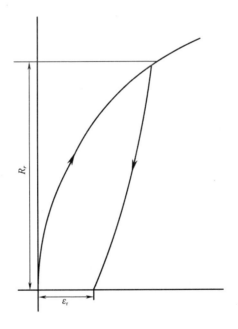

图 3-8 规定残余延伸强度 R_r

ε_r 规定残余延伸率

4. 屈服强度

屈服强度是当金属呈现屈服现象时，在试验期间达到塑性变形发生而力不增加的应力点。过去曾叫屈服点。应区分上屈服强度和下屈服强度。

上屈服强度（R_{eH}）——试样发生屈服而应力首次下降前的最高应力。

下屈服强度（R_{eL}）——在屈服期间，不计初始瞬时效应时的最低应力。

试样经过屈服阶段再除去负荷，部分变形不能恢复，这部分不能恢复的残余变形称塑性变形。

图解法测定屈服强度：试验时，用自动记录装置绘制力—延伸曲线或力—位移曲线，在曲线上确定屈服平台恒定的力 F_{eL}，如图 3 - 9（d）；或屈服阶段中力首次下降前的最大力 F_{eH}，如图 3 - 9（a）（b）（c）；或不计初始瞬时效应时的最小力 F_{eL}，如图 3 - 9（a）（b）（c）。上屈服强度 R_{eH} 或下屈服强度 R_{eL} 可分别按以下各式计算：

上屈服强度 $R_{eH} = F_{eH}/S_0$　　下屈服强度 $R_{eL} = F_{eL}/S_0$　　（N/mm²）

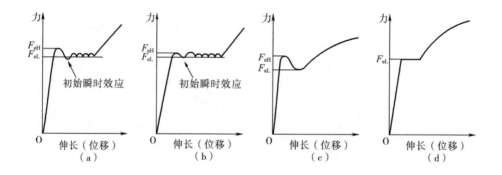

图 3 - 9　用图解法从曲线上确定上屈服强度和下屈服强度的方法

5. 抗拉强度（R_m）

金属试样屈服后，若要使其继续发生变形，则需增加外力以克服其中不断增长的抗力，这是因为材料在塑性变形过程中不断发生强化。在强化阶段中，试样变形主要是塑性变形，其变形量要比弹性变形阶段内的变形大得多，试样的变形仍是均匀的，但可以看到整个试样的局部面积缩小，产生了所谓"缩颈"现象，故载荷也逐渐降低，直至试样被拉断。

抗拉强度（R_m）是指试样在拉伸试验时的最大力（F_m）除以试样原始横截面积（S_0）之商，等同于 σ_b

$$R_m = F_m/S_0$$

式中　　F_m——试样承受的最大力，N

　　　　S_0——试样平均长度部分的原始横截面积，mm²

抗拉强度在工程上是很重要的，因为它表示材料在拉伸条件下所承受的最大外力，所以，它是零件和工件设计时的主要依据，同时也是评定金属材料性能的主要指标之一。

二、钢的塑性指标

塑性是指材料变形而不破坏的能力。在拉伸试验时，金属材料的塑性，可用断面伸长率和断面收缩率表示。

1. 断面伸长率（A）

断面伸长率试样拉断后标距的残余伸长（$L_u - L_0$）与原标距 L_0 之比的百分率（图 3 - 9）

$$A\% = \frac{L_u - L_0}{L_0} \times 100\%$$

式中，L_u——试样拉断后的标距长度，单位 mm

L_0——试样原始的标距长度，单位 mm

断后伸长的测定；将拉断后的试样断裂处紧密对接，尽量使其轴线位于一直线上，以测量断后长度。

强度指标的测定，一般不受长短的影响。而伸长率则随标距的增加而减小。所以同一材料的短试样（$L_0 = 5d_0$）测得的伸长率要稍大于长试样（$L_0 = 10d_0$）时，其他因钢种不同而异。

因此，对于比例试样，若原始标距不为 $5.65\sqrt{s}$（$L_0 = 5d_0$）时，符号 A 应附以下脚标注说明所使用的比例系数。

2. 断面收缩率（Z）

断面收缩率就是试样拉断后，缩颈处的横截面积的最大缩减量与原始横截面积之比的百分率。

$$Z = (S_0 - S_u) / S_0 \times 100\%$$

式中　S_0——试样原始横截面积，mm^2

S_u——试样拉断后缩颈处的截面积，mm^2

试样断裂处的截面积的测定方法是：对圆形试样在缩颈处两个相互垂直方向上测量其直径，用二者的算术平均值计算。矩形试样用缩颈处的最大宽度乘以最小厚度求得。求出试样断裂处的截面积。

通常，A、Z 的数值越大，材料的塑性越好。反之，材料的塑性越差，脆性越大。根据金属材料的伸长率 A 和断面收缩率 Z 的大小。很容易确定各种材料的塑性好坏。

第三节 金属的其他力学性能

一、金属的疲劳

疲劳断裂是机件在受变动载荷作用下经过较长时间工作发生的断裂现象。和其他类型的断裂一样，疲劳断裂也是裂纹形成和发展的过程，所不同的是疲劳是在较低应力下产生的（甚至在 P_P 之下发生），断裂是突然的，没有预兆，看不到宏观塑性变形，是一种低的应力脆性断裂。而且，疲劳破坏是长期的过程，是一种裂纹缓慢扩展的过程，是材料在交变情况作用下经过几百次甚至几百万次循环才产生的突然断裂，所以更具有危险性。

材料对疲劳断裂的抗力一般用疲劳极限 σ_{-1} 来表示，它是金属材料可以经过无限次应力循环而不发生断裂的最大应力。

二、金属的磨损

任何一部机器在运转时，各部件之间总要发生相对运动，当两个互相接触的机件表面做相对运动（滑动、滚动、滚动加滑动）时就产生摩擦，有摩擦就必然会产生磨损，磨损就是由于摩擦的作用，在机件表面发生一系列的机械、物理、化学的相互作用，而使机件表面发生尺寸变化和重量损失的现象。

材料抵抗磨损的性能是用耐磨性来表示的，而耐磨性又是用材料磨损过程中的磨损量来表示的。磨损量越小表示材料的耐磨性越好。实验中，磨损量的大小通常是用摩擦表面尺寸的减少（线磨损量）或重量的减少（体积磨损量）来表示。

第四章　钢的热处理工艺实验

实验目的

（1）热处理工艺是机械工程材料综合实验的重要部分，要求学生根据综合实验任务书设计零件所选材料的热处理工艺，以使材料达到零件的最终使用性能为目标，合理设计和实施热处理工艺。

（2）掌握常用热处理工艺，退火、回火、正火、淬火、回火等工艺的操作方法及实验设备的使用。

（3）掌握常用的表面热处理工艺，渗氮、渗碳、碳氮共渗等工艺的操作方法。

（4）了解热处理工艺过程中，金属组织形态转变过程，缺陷形成原因及预防对策。

改变钢的性能有两个主要途径：一是调整钢的化学成分，特意加入合金元素，即合金化的办法；另一是施行钢的热处理。这两者之间有着极为密切、相辅相成的关系。

所谓钢的热处理可以认为是通过加热、保温、冷却的操作方法，使钢的组织结构发生变化，以获得所需性能的一种加工工艺。钢的热处理最基本类型可根据加热和冷却方法不同，大致分为如下几种：

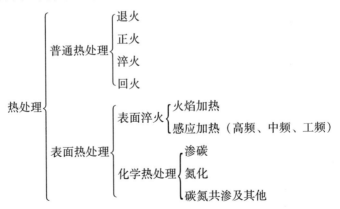

热处理可以是机械零件加工制造过程中的一个中间工序，如改善锻、轧、铸毛坯组织的退火或正火，以及消除应力、降低工件硬度、改善切削加工性能的退火等；也可以是使机械零件性能达到规定技术指标的最终工序，如经过淬火加高

温回火、使机械零件获得良好的综合机械性能等。由此可见热处理同其他工艺过程关系的密切，热处理在机械零件加工制造过程中地位和作用的重要。

热处理之所以能使钢的性能发生巨大的变化，主要是由于经过不同的加热和冷却过程，使钢的内部组织发生了变化。

第一节　钢在加热时的转变

由 Fe – Fe$_3$C 相图可知，钢加热至稍高于 723℃时将发生 P→A 的转变。显然，这一转变过程必然伴随着铁原子和碳原子的扩散。因此 P→A 的转变过程是属于一种扩散型的相变。下面首先以共析钢为例，阐明奥氏体形成过程。

一、奥氏体的形成

1. 基本过程

共析钢加热到 A_{C1} 或 A_{C1} 以上时（A_{C1} 即为实际加热时 P→A 的临界点）将形成奥氏体（图 4 – 1）。

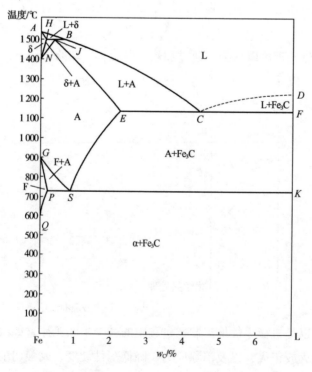

图 4 – 1　Fe – Fe$_3$C 相图

奥氏体的形成是通过形核及成长过程来实现的，其基本过程可以描述为四个步骤：

第一步，奥氏体晶核的形成：奥氏体晶核易于在铁素体与渗碳体界面形成，这是因为此处原子排列较紊乱，位错、空位密度较高，容易获得形成奥氏体所需的能量和浓度所致。

第二步，奥氏体的长大：奥氏体晶核形成之后，它一面与渗碳体相接，另一面与铁素体相接。奥氏体中的含碳量是不均匀的，与铁素体相接处含碳量较低；而与渗碳体相接处含碳量较高，在奥氏体中出现了碳浓度梯度，引起碳在奥氏体中不断地由高浓度向低浓度的扩散。随着碳扩散的进行，破坏了原先碳浓度的平衡，造成奥氏体与铁素体相接处的碳浓度增高以及奥氏体与渗碳体相接处的碳浓度降低。为了恢复原先碳浓度的平衡，势必促使铁素体向奥氏体转变以及 Fe_3C 的溶解。这样，碳浓度破坏平衡和恢复平衡的反复循环过程，就使奥氏体向渗碳体和铁素体两方面长大，直至铁素体全部转变为奥氏体为止。

第三步，残余渗碳体的溶解：在奥氏体的形成过程中，铁素体比渗碳体先消失，因此奥氏体形成之后，还残存未溶渗碳体。这部分未溶的残余渗碳体将随着时间的延长，继续不断地向奥氏体溶解，直至全部消失。

第四步，奥氏体均匀化：当残余渗碳体全部溶解时，奥氏体中的碳浓度仍是不均匀的，在原来渗碳体处含碳量较高；在原来铁素体处含碳量较低。如果继续延长保温时间，通过碳的扩散，可使奥氏体的含碳量逐渐趋于均匀。

亚共析钢和过共析钢中，奥氏体的形成过程，基本上与共析钢相同，但是还具有过剩相转变和溶解的特点。

亚共析钢在室温平衡状态下的组织为珠光体和过剩铁素体。当缓慢加热到 A_{C1} 点时，珠光体转变成奥氏体，成为奥氏体和过剩铁素体的组织；如果进一步提高加热温度和延长保温时间，则过剩铁素体将逐渐转变为奥氏体。在温度超过 A_{C3} 时（A_{C3} 即为亚共析钢实际加热时，所有铁素体均匀转变为奥氏体的温度），过剩铁素体完全消失，全部组织为较细的奥氏体晶粒。若继续提高加热温度或延长保温时间，奥氏体晶粒将长大。

过共析钢在室温平衡状态下的组织为珠光体和过剩渗碳体。其中过剩渗碳体往往呈网状分布。当缓慢加热到 A_{C1} 时，珠光体转变为奥氏体，成为奥氏体和过剩渗碳体的组织。如果进一步提高加热温度和延长保温时间，则过剩渗碳体将逐渐溶解于奥氏体。在温度超过 A_{Ccm} 时（A_{Ccm} 即为过共析钢实际加热时，所有渗碳体完全穿入奥氏体的温度），过剩渗碳体完全溶解，全部组织为奥氏体，奥氏体晶粒已经粗化。

2. 影响珠光体向奥氏体转变的因素

奥氏体形成速度受到形成温度、钢的成分和原始组织以及加热速度等因素的影响。

随着奥氏体形成温度的提高，原子扩散能力增大，特别是碳原子在奥氏体中的扩散能力增大；并且铁碳合金相图中 GS 线与 SE 线之间的距离加大，即增大了奥氏体中碳的浓度梯度，因而加速了奥氏体的形成（图 4 - 2）。

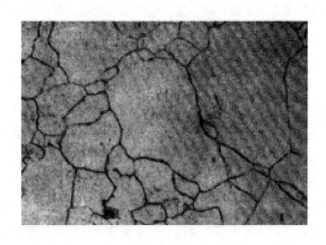

图 4 - 2　奥氏体的显微组织

随着钢中含碳量的增加，铁素体和渗碳体的相界面增多，碳的扩散能力明显增大，这就有利于加速奥氏体的形成。钢中加入合金元素并不改变奥氏体形成的基本过程，但显著影响奥氏体的形成速度。

钢的原始组织越细，即相界面越多，奥氏体形成速度就越快。如在钢的成分相同时，组织中珠光体越细，奥氏体形成速度越快；层片珠光体的相界面比粒状珠光体多，加热时奥氏体容易形成。

随着加热温度的增大，奥氏体形成温度升高，形成的温度范围扩大，形成所需时间缩短。

二、奥氏体晶粒的长大及其影响因素

1. 奥氏体晶粒度的概念

根据奥氏体形成过程和晶粒长大情况，奥氏体晶粒度可分为：起始晶粒度，实际晶粒度和本质晶粒度三种。

起始晶粒度是指珠光体刚刚转变成奥氏体时的奥氏体晶粒度。一般情况是，奥氏体的起始晶粒比较细小，在继续加热或保温时，它就要长大。

实际晶粒度是指钢在具体的热处理或热加工条件下实际获得的奥氏体晶粒度。它的大小直接影钢件的性能。实际晶粒一般总比起始晶粒大，因为热处理生产中，通常都有一个升温和保温的阶段，就在这段时间内，晶体有了不同程度的长大。不同牌号的钢，奥氏体晶粒的长大倾向是不同的。有些钢的奥氏体晶粒随着加热温度的升高会迅速长大，而有些钢的奥氏体晶粒长则不容易长人。

2. 奥氏体晶粒长大及其影响因素

奥氏体晶粒长大，伴随着晶界总面积的减少，使体系能量降低，所以在高温下，奥氏体晶粒长大是一个自发的过程。

奥氏体化温度越高，晶粒长大越明显。随着钢中奥氏体含碳量的增加，奥氏体晶粒的长大倾向也增大。当奥氏体晶界上存在未溶的残余渗碳体，奥氏体晶粒反而长得慢，故奥氏体实际晶粒小。

钢中加入合金元素，也影响奥氏体晶粒长大。一般认为，凡是能形成稳定碳化物的元素（如钛、钒、钽、铌、锆、钨、钼、铬），形成不溶于奥氏体的氧化物及氮化物（如铝），促进石墨化的元素（如硅、镍、钴），以及在结构上自由存在的元素（如铜），都会阻碍晶粒长大。而锰、磷则有加速奥氏体晶粒长大的倾向。

由上述可知，为了控制奥氏体晶粒长大，可以采取合理选择加热温度和保温时间，合理选择钢的原始组织以及加入一定量的合金元素等措施。

第二节 过冷奥氏体转变产物的组织形态与性能

钢在高温时所形成的奥氏体，在冷却时要进行分解或转变。如果按照 Fe - Fe_3C 相图来看，奥氏体在低温时将分解成珠光体。然而，当冷却时条件改变，不同过冷度下，奥氏体可能转变成贝氏体、马氏体等介稳定组织。现以共析钢为例，论述过冷奥氏体转变产物——珠光体贝氏体、马氏体的组织形态与性能。

一、珠光体类型组织形态与性能

过冷奥氏体在 A_1 至 550℃温度范围内，将分解成珠光体类型组织。大致是在

A_1至650℃温度范围形成珠光体，650～600℃温度范围形成索氏体，600～550℃温度范围内形成屈氏体。珠光体、索氏体、屈氏体三者均属层片状的铁素体与渗碳体机械混合物，其差别仅在于粗细不同。珠光体比较粗，一般在500倍金相显微镜下即可显示它的组织特征；而索氏体比珠光体细，要在800～1000倍金相显微镜下，才能鉴别；至于屈氏体更细，只有在鉴别率较高的电子显微镜下，才能分辨清楚，否则呈黑色团状组织。过冷奥氏体所分解的珠光体类型组织，其中渗碳体一般呈现片状，只有在A_1附近的温度范围内，作足够长的时间保温，才可能使片状渗碳体球化。其转变产物可能是粒状珠光体而不是层片状珠光体。

珠光体类型组织的力学性能与其粗细程度有很大关系。对于相同成分的钢，粒状珠光体比片状珠光体具有较少的相界面，因而其硬度、强度较低，塑性、韧性较高。粒状珠光体常常是高碳钢（高碳工具钢）切削加工前要求获得的组织状态。

近年来采用形变与等温处理相结合的新工艺，改变珠光体组织形态，使获得在含有大量亚晶的形变铁素体基体上分布着极为均匀的渗碳体微粒的珠光体组织。这种珠光体类型组织形态具有良好的强度和优良的韧性，特别是可以使脆性转变温度降低。珠光体等温形变处理新工艺比较适用于低碳和中碳合金钢线材、板材，及易于形变加工的结构零件。共析碳钢采用形变正火新工艺，即在860～950℃加热变形后，以65～85℃/s速度冷却，可以获得最细密的珠光体组织，除了能够提高强度和塑性以外，还可以改善抗磨损性能及疲劳性能。

二、马氏体类型组织形态与性能

当钢的高温奥氏体获得极大过冷时（共析碳钢过冷至230℃以下），将转变为马氏体类型组织。实际操作中，马氏体一般通过淬火才能获得。共析碳钢在正常温度下淬火，马氏体组织部是非常细小的，不易看清，称为隐晶马氏体。为了能看清它的形态，采取过热淬火。

试验表明，钢中马氏体组织形态主要有两种基本类型，一类是板条状马氏体，另一类是片状马氏体。随着钢中高温奥氏体含碳量的增加，淬火后组织中板条状马氏体逐渐减少，而片状马氏体则逐渐增多。当奥氏体含碳量大于1.0%的钢淬火后，组织中马氏体形态几乎完全是片状的，当奥氏体含碳量小于0.20%时，淬火组织中马氏体形态几乎完全是板条状的。

片状马氏体的立体形态呈双凸透镜状。显微组织仅是其截面的形态。用透射电子显微镜观察表明，片状马氏体内的亚结构主要是孪晶，孪晶表现为许多密集而平行的条痕。

板条状马氏体的立体形态呈细长的板条状。显微组织表现为一束束细条状的组织，每束内的条与条之间以小角度晶界分开，束与束之间具有较大的位向差。

马氏体的硬度与其含碳量有密切关系。随着马氏体含碳量的增高，其硬度也随之而增高，尤其在含碳量较低的情况下，硬度增高比较明显，但当含碳量超过0.6%以后硬度增加趋于平缓。通常合金元素的存在对钢中马氏体硬度的影响不大。含碳量对马氏体硬度的影响主要是由于过饱和碳原子与马氏体中的晶体缺陷的交互作用引起的固溶强化所造成。板条状马氏体中的和片状马氏体中的孪晶，均能引起强化，尤其是孪晶对片状马氏体的硬度和强度做出一定贡献。当含碳量超过0.6%以后硬度增加趋于平缓，这是由于钢中残余奥氏体逐渐增多所致。

由于淬火钢中有内应力和内部缺陷存在，加之很难得到100%纯粹的马氏体，故对马氏体强度的测定数据很不完整，一般可根据硬度大致地估计。

三、贝氏体类型组织形态与性能

过冷奥氏体在550～240℃温度范围内，将转变为贝氏体类型组织。贝氏体类型组织有上贝氏体和下贝氏体两种，其形态与性能不同于前述的珠光体与马氏体类型组织。

1. 上贝氏体组织形态

在共析碳钢和普通的中、高碳钢中，上贝氏体约在550～350℃温度范围内形成，在低碳钢中它的形成温度要高些。当转变量不多时，在光学显微镜下明显可见成束的自晶界向晶界内生长的铁素体条，它的分布具有羽毛状的特征。在电子显微镜下，经常可以看到上贝氏体中存在铁素体和渗碳体两个相；铁素体呈暗黑色，而渗碳体呈亮白色渗碳体以不连续的、短杆状形式分布于许多平行而密集的铁素体条之间。在铁素体条内分布有位错亚结构，位错密度随形成温度的降低而增大。随着钢中含碳量增加，上贝氏体中的铁素体条变得更多，更薄，渗碳体的数量更多；当形成温度较低时，在含碳量约为共析成分的钢时，渗碳体可能大部分沉淀于铁素体内，形成所谓共析钢上贝氏体。这是一种不同于上述典型上贝氏体形态的上贝氏体组织。

2. 下贝氏体组织形态

典型的下贝氏体是片状铁素体和其内部沉淀碳化物的组织，对于一般共析碳钢和中、高碳钢来说，下贝氏体的形成温度约在350℃～Ms点（Ms即马氏体开始形成温度）之间，这时其铁素体的含碳量较之上贝氏体铁素体具有更大的过饱和度；当形成温度在250℃以下时可达0.20%左右。在光学显微镜下，当转变量不多时，由于下贝氏体受侵蚀，可清晰地观察到在浅色马氏体的背衬上多向分布的铁素片，其外貌呈黑针状的特征。下贝氏体中的碳化物及其形态只有在电子显微镜下始可分辨清楚。它呈短条状，沿着与铁素体片的长轴相夹55～65℃角的方位分列成排。其亚结构与上贝氏体一样，也是位错，但密度较高些。至于是否存在孪晶型下贝氏体则未肯定。如果形成温度不过低，钢的含碳量又较高，可能出现这种情况，即下贝氏体中的碳化物不但出现于铁素体的内部，也出现于它的外缘，这是不同于上述典型下贝氏体的又一种形态的下贝氏体组织。

3. 贝氏体的力学性能

贝氏体的机械性能主要取决于贝氏体的组织形态。上贝氏体的形成温度较高，上贝氏体铁素体条状晶粒较宽，它的塑变抗力较低；上贝氏体渗碳体分布在铁素体条之间，易于引起脆断，因此，上贝氏体的强度和韧性均较差。下贝氏体的形成温度较低；在较低温度下形成的下贝氏体组织，具有较优良的综合机械性能。下贝氏体的强度，韧性和塑性均高于上贝氏体。它具有较高强度和较高塑性与韧性的配合。下贝氏体的亚结构高密度位错以及细小碳化物在下贝氏体铁素体内沉淀析出是保证下贝氏体具有 优良综合性能的主要因素。

通常利用等温淬火获得下贝氏体为主的组织，使钢件具有较高的强韧性，同时由于下贝氏体比容比马氏体小，故可减少变形和开裂。近年来，采用形变与贝氏体转变相结合的形变热处理方法，可显著提高钢的性能。

第三节　钢的退火与正火

一、退火和正火的目的

退火和正火是应用非常广泛的热处理，在机器零件或工模具等工件的加工制造过程中，经常作为预先热处理工序，安排在铸造或锻造之后，粗加工之前，用以消除前一工序所带来的某些缺陷，为随后的工序作准备。例如，在锻造或铸造等热加工之后，钢件不但存在残余应力，而且组织粗大不均匀，成分也有偏析，这样的钢件，机械性能低劣，淬火时也容易造成变形和开裂。经过适当的退火或正火处理可使钢件的组织细化，成分均匀，应力消除，从而改善钢件的机械性能并为随后淬火作准备。又如，在铸造或锻造等热加工以后，钢件硬度经常偏高或偏低，而且不均匀，严重影响切削加工。经过适当退火或正火处理可使钢件的硬度达到 HB170～250，而且比较均匀，从而改善钢件的切削加工性能。

退火和正火除经常作为预先热处理工序外，在一些普通铸件、焊接件以及一些不重要的热加工工件上，还作为最终热处理工序。

综上所述，退火和正火的主要目的大致可归纳为如下几点：

（1）软化钢件以便进行切削加工；

（2）消除残余应力，以防钢件的变形、开裂；

（3）细化晶粒，改善组织以提高钢的力学性能；

（4）为最终热处理（淬火回火）组织上的准备。

二、退火和正火操作及应用

（一）退火操作及其应用

根据钢的成分和目的不同，退火操作可分为：完全退火、等温退火、球化退火和去应力退火等。

1. 完全退火和等温退火

完全退火亦称生结晶退火，一般简称为退火。这种退火主要用亚共析钢成分的各种碳钢和合金钢的铸、锻件及热扎型材，有时也用于焊接结构。一般常作为一些不重要工件的最终热处理，或作为某些重要件的预先热处理。

完全退火操作是将亚共析钢工件加热至 A_{C3} 以上 30～50℃，保温一定时间后，随炉缓慢冷却（或埋在砂中或石灰中冷却）至 500℃ 以下在空气中冷却（图 4－3）。

完全退火全过程所需时间非常长，特别是对于某些奥氏体比较稳定的合金钢，往往需要数十小时，甚至数天的时间。如果在对应于钢的 C 曲线上的珠光体形成温度进行奥氏体的等温转变处理，这样就有可能在等温处理的前后，快速地进行冷却，以便大大缩短整个退火的过程。这种退火的方法便叫"等温退火"（图 4－4）。

常用结构钢的退火、正火温度和硬度，表 4－1。

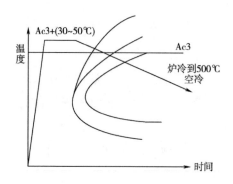

图4-3 完全退火工艺曲线

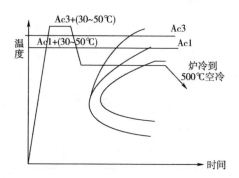

图4-4 等温退火工艺曲线

表4-1　　　　　　　　　　　常用结构钢的退火、正火温度和硬度

钢号	临界点/℃			退火			正火	
	Ac1	Ac3	Ar1	加热温度/℃	冷却	HB	加热温度/℃	HB
35	724	802	680	850~880	炉冷	≤187	860~890	≤191
45	724	780	682	800~850	炉冷	≤197	840~870	≤226
45Mn2	715	770	640	810~840	炉冷	≤217	820~860	187~241
40Cr	743	782	693	830~850	炉冷	≤207	850~870	≤250
35CrMo	755	800	695	830~850	炉冷	≤229	850~870	≤241
40CrNiMoA	732	774	—	840~880	炉冷	≤229	890~920	220~270
65Mn	726	765	689	780~840	炉冷	≤229	820~860	≤269
60Si2Mn	755	810	700	840~860	炉冷	185~255	830~860	≤254
50CrV	752	788	688	810~870	—	≤179	850~880	≤288
20	735	855	680	—	—	≤255	890~920	≤156
20Cr	766	838	702	860~890	炉冷	≤179	870~900	≤270
20CrMnTi	740	825	650	—	—	—	950~970	156~207
20CrMnMo	710	830	620	850~870	炉冷	≤217	870~900	—
38CrMoAlA	800	940	730	840~870	炉冷	≤229	930~970	179~229

2. 球化退火

球化退火主要用于过共析钢及合金工具钢（如制造刃具、量具、模具所用钢种）。其主要目的在于降低硬度，改善切削加工性，并为以后淬火做好准备。

过共析钢的组织为层片状的珠光体与网状的二次渗碳体，不仅珠光体本身较硬，而且由于网状渗碳体的存在，更增加了钢的硬度和脆性。这不仅给切削加工带来困难，而且还会引起淬火时产生变形和开裂。为了克服过共析钢的这一缺点，故在热加工后，必须加道球化退火工序，使网状二次渗碳体及珠光体中的层片状渗碳体统统都发生球化，变成球化（粒状）的渗碳体。这种铁素体与球化渗碳体机械混合物的组织叫做"球化体"。它的硬度远较层片状珠光体与网状二次渗碳体组织的硬度为低。为了便于球化过程的进行，对于网状较严重者，可在球化退火之前先进行一次正火。

3. 去应力退火

去应力退火又称低温退火（或高温回火），这种退火主要用来消除铸件、锻件、焊接件、热轧件、冷拉件等的残余应力。如果这些应力不予消除，将会引起钢件在一定时间以后，或在随后的切削加工过程中产生变形或裂纹。

去应力退火操作一般是将钢件随炉缓慢加热变（100~150℃/h）至500~650℃再随炉冷却至300~200℃以下出炉。

从去应力退火温度（$<A_1$）可知，钢在去应力退火过程中并无组织变化，残余应力主要是通过钢在500~650℃保温后缓冷过程中消除的。残余应力消除的过程，一般从应力松弛现象来考虑，认为在低温退火时，残余应力是通过塑性变形或蠕变变形而产生松弛的。

（二）正火操作及其应用

所谓正火，就是将钢件加热至A_{C3}或A_{Ccm}以上30~50℃，保温后从炉中取出在空气中冷却的一种操作。正火与退火的明显不同点是正火冷却速度稍快。

根据钢的奥氏体等温转变知道，由于冷却速度的差别，钢所得到的组织便不同。正火后所得组织比退火细，力学性能也有所提高。

常用工具钢退火、正火温度和硬度

表 4-2　　　　　常用工具钢退火、正火温度和硬度

钢号	临界点/℃			退火			正火	
	A_{C1}	A_{C3} A_{Ccm}	A_{r1}	加热温度/℃	等温温度/℃	HB	加热温度/℃	HB
3Cr2Mo（P20）	767	820	640	850	720	235	—	—
3Cr2NiMo（718）	715	770	—	850	700	250	—	—
2Crl3（420）	820	950	780	880	炉冷	—	—	—
4Crl3（S-136）	820	1100	—	860~880	730~750	149~207	—	—
T8A	730	—	700	740~768	650~680	≤187	760~780	—

续表

钢号	临界点/℃			退火			正火	
	A_{C1}	A_{C3} A_{Ccm}	A_{r1}	加热温度/℃	等温温度/℃	HB	加热温度/℃	HB
T10A	730	800	700	750 ~ 770	680 ~ 700	≤197	800 ~ 850	241 ~ 302
T12A	730	820	700	750 ~ 770	680 ~ 700	≤270	850 ~ 870	255 ~ 321
9Mn2V	736	765	652	760 ~ 780	670 ~ 690	≤229	870 ~ 880	269 ~ 341
9SiCr	770	870	730	790 ~ 810	700 ~ 720	197 ~ 241	—	—
9CrWMn（O1）	750	900	700	780 ~ 800	670 ~ 720	197 ~ 241	—	—
CrWMn	750	940	710	770 ~ 790	680 ~ 700	207 ~ 255	970 ~ 990	
Cr2	745	900	700	770 ~ 790	680 ~ 700	187 ~ 229	900 ~ 950	270 ~ 390
GCr15	745	900	700	790 ~ 810	710 ~ 720	207 ~ 229	900 ~ 950	270 ~ 390
Cr12（D3）	810	835	755	830 ~ 850	720 ~ 740	≤269	—	—
Cr12MoV （SKD11）	830	855	750	850 ~ 870	720 ~ 750	207 ~ 255	—	—
Cr12MolVl（D2）	810	875	750	850	730	—	—	—
Wl8Cr4V（T1）	820	—	760	850 ~ 880	730 ~ 750	207 ~ 255	—	—
W6Mo5Cr4V2	860	—	770	850 ~ 870	740 ~ 750	≤255	—	—
5CrMnMo	710	760	650	850 ~ 870	~ 680	197 ~ 241	—	—
5CrNiMo	710	770	680	850 ~ 870	~ 680	197 ~ 241	—	—
4Cr5MoSiV （H11）	853	912	720	860 ~ 890	—	≤229	—	—
4Cr5MoSiV1 （H13）	860	915	775	860 ~ 890	—	≤229	—	—
4Cr5W2SiV	800	875	730	860 ~ 880	—	≤229	—	—
3Cr2W8V（H21）	850	930	780	830 ~ 860	720 ~ 740	207 ~ 740	—	—

正火的主要应用范围是：

（1）用于普通结构零件，作为最终热处理；

（2）用于低、中碳结构钢，作为预先热处理，可达到合适的硬度，以便切削加工；

（3）用于过共析钢，可抵制或消除网状二次渗碳体的形成，以便在进一步球化退火中，得到良好的"球化体"组织。

三、钢的正火、退火缺陷

钢在退火、正火的过程中，因加热温度、保温时间和冷却速度等因素会出现一些缺陷。

1. 硬度过高

退火冷却速度相对较快，形成索氏体、屈氏体或马氏体等组织。可重新退火或高温回火。

2. 球化不完全或球化不均匀

球化退火前未消除网状碳化物，存在大块碳化物；保温时间不足或冷却速度过快。可先正火再球化退火。

3. 网状组织

加热温度过高或冷却速度过慢，铁素体或碳化物呈网状析出。可重新正火消除。

4. 粗大魏氏组织

加热温度过高，奥氏体晶粒粗大，冷却又较快时出现铁素体呈片状按羽毛或三角形分布在原奥氏体晶粒。可重新正火消除。

第四节　钢 的 淬 火

一、淬火的目的

将钢加热到临界点 Ac_3（亚共析钢）或 Ac_1（过共析钢）以上 $30 \sim 50℃$，保温一定时间，然后以大于临界淬火速度冷却得到马氏体或贝氏体为主的组织的热处理工艺称为淬火。淬火的目的一般都是为了获得马氏体，以提高其硬度和耐磨性。

二、淬火的温度选择

淬火加热温度的选择应以获得均匀细小的奥氏体晶粒为原则，以便淬火后获得细小的马氏体组织。亚共析钢的加热温度在 Ac_3 以上 $30 \sim 50℃$。如果加热温度太低，不能获得足够多的马氏体。但如果加热温度太高，则会引起奥氏体晶粒粗大甚至过烧，淬火后得到的粗大马氏体，会引起钢的淬火韧性降低。共析钢和过共析钢的加热温度在 A_{c1} 以上 30～50℃。钢在淬火前的组织为珠光体＋渗碳体，淬火后的组织为马氏体基体上分布着颗粒状的渗碳体，马氏体和渗碳体都很硬，淬火钢硬度高。若加热到 A_{Ccm} 以上，渗碳体溶入奥氏体，奥氏体含碳量增加，淬火后残余奥氏体增加，使钢的强度降低。

实际操作中，要考虑工件的形状与尺寸、性能要求、材料的原始组织、淬火冷却介质及淬火方法、加热设备等因素影响，淬火温度主要选择原则如下：

（1）用空气炉加热的温度应比盐浴炉高 10～30℃.

（2）大尺寸工件加热温度应取上限，以增加淬硬层深度；小尺寸工件应取下限，以防过热。对形状复杂、截面变化较大、易产生变形开裂的工件，应选择加热温度的下限；而对形状简单的工件，可取上限。

（3）采用冷却速度大的淬火介质（如水、盐水）时，淬火加热温度应取下限，采用冷却速度小的淬火介质（如油、硝盐）时，淬火加热温度应取上限。

（4）低合金钢（锰钢除外）的加热温度应比碳钢要高（A_{C3} 或 A_{C1} 以上50～100℃），高合金钢的淬火加热温度更高，常在 950～1000℃ 以上。

（5）工具钢的原始组织球化不良或出现碳化物偏析，加热时奥氏体晶粒易长大，冷却后得到粗大的马氏体组织，性能变坏；淬火时也容易产生变形和开裂，必须采用较低的温度加热（表 4 - 3）。

表 4 - 3　　　　　　　常用钢的淬火工艺规范和淬火后的硬度

钢号	加热温度/℃	冷却介质	硬度≤HRC	钢号	加热温度/℃	冷却介质	硬度≤HRC
35	870	水	50	T8A	770～800	水	60
45	820～850	水	52	T10A	770～800	水	60
50	820～840	水	55	T12A	770～800	水	60
20Cr *	790～820	油	55	9Mn2V	790～810	油	60
40Cr	850～870	油	50	9SiCr	850～870	油	60
42CrMo	840～860	油	45	9CrWMn	820～840	油	62
40CrMnMo	850～870	油	52	CrWMn	820～840	油	60
35CrMo	830～860	油	45	Cr2	830～850	油	62
3Cr2Mo	850～880	油	50	GCr15	830～850	油	60
3Cr2NiMo	840～860	油	50	Cr12	980～1020	油	60
50CrVA	850～870	油	52	Cr12MoV	980～1020	油	60

续表

钢号	加热温度/℃	冷却介质	硬度≤HRC	钢号	加热温度/℃	冷却介质	硬度≤HRC
65Mn	790~820	油	55	Cr12MoV	1080~1130	油	42
60Si2Mn	840~870	油	60	Cr12Mo1V1	1060~1100	油	60
20CrMnTi*	850~870	油	55	5CrMnMo	830~850	油	52
20CrMnMo*	840~860	油	55	5CrNiMo	840~860	油	53
18CrNiMoA*	860~890	油	55	4CrMoSiV	1010~1030	油	58
38CrMoAl	930~950	油	55	4Cr5MoSiV1	1020~1050	油	56
2Cr13	980~1050	油	47	4Cr5W2SiV	1030~1050	油	53
3Cr13	980~1050	油	47	3Cr2W8V	1120~1140	油	53
4Cr13	980~1050	油	52	W18Cr4V**	1220~1240	油	62
9Cr18	1000~1050	油	55	W6Mo5Cr4V2**	1150~1200	油	62

注：带"*"的渗碳钢为渗碳后的工艺参数。带"**"的高速钢为冷模具用时的工艺参数。

三、淬火加热时间的确定

淬火操作的难度比较大，主要是因为：淬火要求得到马氏体，淬火的冷却速度就必须大于临界冷却速度（v_k），而快冷是不可避免地要造成很大的内应力，往往会引起钢件的变形和开裂。

加热时间包括零件加热到淬火温度所需的升温时间和零件在规定温度下完成奥氏体均匀化所需的保温时间。淬火时间应保证：零件内外温度均匀一致；奥氏体化均匀化；奥氏体晶粒不得长大。

零件的加热时间与以下几个因素有关：

（1）钢的成分　钢中碳或合金元素的增加，钢的导热性降低，加热时间应延长。

（2）加热设备与加热介质　空气电阻炉加热速度比盐浴炉慢，加热时间相应长些。

（3）零件形状尺寸及装炉量　零件尺寸越大，装炉量越多，加热时间越长。

（4）炉温及装炉方法　为缩短升温时间，可提高进炉炉温，也可在淬火温度或高于正常温度 50~100℃；零件的炉中放置的间隙大，加热时间短，放置的越密，加热时间越长。

生产中常根据零件的有效厚度、淬火加热系数根据以下经验来确定加热时间，一般按经验公式求得：

$$t = aD$$

t——加热时间，min

a——加热系数（表4-4）

D——工件有效厚度，mm

工件有效厚度计算方法如图4-5所示。

表4-4 　　　　　　　　　　　　　　　淬火加热系数 a

材料	直径/mm	<600 箱式炉预热	800～900℃箱式、井式炉加热
碳素钢	≤50	—	1.0～1.2
	>50	—	1.2～1.5
低合金钢	≤50	—	1.2～1.5
	>50	—	1.5～1.8
高合金钢		1～1.5	—
高速钢		—	—

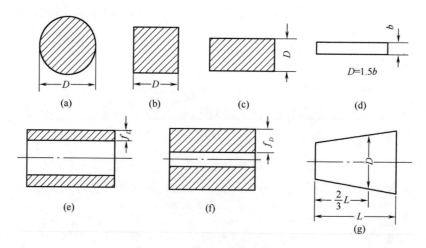

图4-5　工件有效厚度计算实例

四、淬火冷却介质

淬火冷却时，怎样才能既得到马氏体而又减小变形与裂纹呢？这是淬火工艺上最主要的一个问题，要解决这个问题，可以从两方面着手。其一，是寻找一种比较理想的淬火介质，其二，是改进淬火的冷却方法。

淬火冷却是淬火工艺中最为关键的工序。由钢的 C 曲线知，钢加热至奥氏体后，只有冷却速度大于临界冷却速度时才能获得马氏体组织。但是，如果冷却速度过快又会使工件的内应力增大，造成工件变形或开裂的倾向变大。要想达到即使工件能获得马氏体组织又能减小变形和开裂的倾向的目的，重要的是选择适当的淬火介质和淬火方法。常用的淬火介质有水、不同浓度的盐水和各种矿物油。常用的淬火方法有四种，它们的冷却曲线如图 4 - 6 所示。

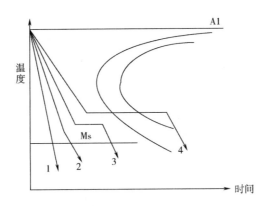

图 4 - 6　各种淬火方法冷却曲线示意图

1 ~ 4—曲线

1. 单介质淬火

单介质淬火是将工件加热到奥氏体化后，浸入单一淬火介质中冷却至室温或 100 ~ 150℃时取出空冷。其冷却曲线如图 4 - 6 曲线 1 所示。

一般的单液淬火就是将碳钢淬入水中，合金钢淬入油中。

2. 双介质淬火

双介质淬火就是将加热到奥氏体状态的工件先在冷却能力强的淬火介质（如水）中快速冷却至接近 Ms 点的温度，然后再移入冷却能力弱的淬火介质（如油或空气）中继续冷却，使过冷奥氏体在缓慢冷却条件下转变成为马氏体。其冷却曲线如图 4 - 6 曲线 2 所示。双介质淬火通常采用先水冷后油冷，生产中叫做水淬油冷。

这种方法既可以保证淬火工件得到马氏体组织，又可降低工件的残余应力，从而减少工件变形开裂的倾向。但操作上较难掌握。

这种方法常用于碳素工具钢和低合金钢。

3. 分级淬火

分级淬火是将奥氏体化后的工件，先浸入一种温度较 Ms 点稍高或稍低的冷却介质中（如盐浴或碱浴），冷却一定时间，使工件内外层温度均匀一致，并在奥氏体开始发生分解之前，迅速转入另一种冷却介质（如油或空气）中冷却至室温，使奥氏体转变为马氏体。其冷却曲线如图4－6曲线3所示。

这种方法的主要优点是可以大大降低零件的内应力，减少或避免零件的变形和开裂，且操作简单，适用于处理尺寸不大、形状较复杂的碳钢及低合金钢零件的淬火。

4. 等温淬火

等温淬火是将加热到奥氏体状态的工件淬入温度稍高于 Ms 点盐浴中等温，保持足够长的时间，使之转变成下贝氏体，然后将工件放在空气中冷却的淬火方法。其冷却曲线如图4－6曲线4所示。

5. 真空加热气冷淬火

工件在真空加热炉加热后进入气冷室，利用气体冷却介质对工件进行淬火。常用的淬火气体有氮、氩、氦等。真空加热气体淬火的优点是工件表面光亮无氧化脱碳。图4－7为真空加热炉设备。

图4－7　真空加热炉

五、淬透性的概念

钢的淬透性是指钢经奥氏体化后接受淬火的能力（即获得马氏体组织的能力）。它是钢的一种热处理工艺性能。钢的淬透性大小通常以一定冷却条件下得到的淬硬层深度（即由表面至组织中50%马氏体和50%非马氏体组织处的距离）来表示，淬硬层越深，表示钢的淬透性越好。不同的钢种，其淬透性不同。因此，淬透性是零件选用钢种的重要依据之一。了解各种钢的淬透性大小和测定钢的淬透性是很重要的。测定钢的淬透性方法通常有末端淬火法、断口法和临界直径法。

六、淬透性对钢力学性能的影响

淬透性对钢的力学性能的影响很大。例如将淬透性不同的两种钢材制成直径相同的轴，进行淬火加高温回火的调质处理，其中一个淬透性高，能淬透，另一个淬透性低，未淬透，二者虽是硬度虽然相同，但是它的机械性能有显著差别，淬透性高的钢，其力学性能沿截面是均匀分布的；而淬透性低的钢，心部的力学性能低，尤其是冲击功（A_k）更低。这是因为淬透的轴调质后组织从表及里都是回火索氏体组织，其中渗碳体呈粒状分布。回火索氏体具有较高韧性。未淬透的轴心部组织为层片状索氏体，韧性较低。

七、影响淬透性的因素

影响钢的淬透性的决定性的因素是临界冷却速度（v_k）。临界冷却速度越小，钢的淬透性就越大。临界冷却速度与钢的化学成分和奥氏体温度之间有密切关系。

在亚共析成分范围，随着含碳量增加，钢的临界冷却速度降低；在过共析成分范围，随着含碳量增加，钢的临界冷却速度反而增加，这种现象在含碳超出 1.2% ~ 1.3% 时开始明显。因此，一般说来，在共析碳钢中，随着含碳量的增加，淬透性有所增加；而在过共析碳钢中，含碳量超过 1.2% ~ 1.3% 时，淬透性明显降低。

除 Co 外，大多数合金元素如 Mn、Mo、Cr、Al、Si、Ni 等都降低钢铁临界冷却速度，而使钢的淬透性得到显著的提高。

奥氏体温度对临界冷却速度和淬透性有显著的影响。有些钢在较高温度淬火，可以改变临界冷却速度，改善钢的淬透性。这主要是由于在高温下能使奥氏体晶粒增大，成分均匀，同时还促进残余渗碳体或碳化物的继续溶解的结果。

淬透层深度一般规定为由表面至半马氏体区的深度，半马氏体区的组织是由 50% 马氏体与 50% 分解产物所组成。半马氏体硬度主要取决于马氏体中的含碳量（表 4 – 5）。

表 4 – 5　　　　　　　　常用钢的淬火性（临界尺寸）表

钢号	半马氏体硬度（HRC）	临界直径/mm		钢号	半马氏体硬度（HRC）	临界直径/mm	
		水淬	油淬			水淬	油淬
35	38	8 ~ 13	4 ~ 8	40Mn2B	44	47 ~ 52	27 ~ 40
45	42	13 ~ 16	6 ~ 9	40MnVB	44	60 ~ 76	40 ~ 58

续表

钢号	半马氏体硬度（HRC）	临界直径/mm		钢号	半马氏体硬度（HRC）	临界直径/mm	
		水淬	油淬			水淬	油淬
60	47	11 ~ 17	6 ~ 12	20MnVB	38	55 ~ 62	32 ~ 46
T10	55	10 ~ 15	< 8	20MnTiB	38	36 ~ 42	22 ~ 28
40Mn	44	12 ~ 18	7 ~ 12	35CrMo	43	35 ~ 42	20 ~ 28
40Mn2	44	25 ~ 100	15 ~ 90	30CrMnSi	41	40 ~ 50	23 ~ 40
45Mn2	45	25 ~ 100	15 ~ 90	40CrMnMo	44	≥150	≥110
65Mn	53	25 ~ 30	17 ~ 25	38CrMoAl	43	100	80
15Cr	35	10 ~ 18	5 ~ 11	60Si2Mn	52	55 ~ 62	32 ~ 45
20Cr	38	12 ~ 19	6 ~ 12	50CrVA	48	55 ~ 62	32 ~ 40
40Cr	44	30 ~ 38	19 ~ 28	18CrMnTi	37	22 ~ 35	15 ~ 24
45Cr	45	30 ~ 38	19 ~ 28	30CrMnTi	41	40 ~ 50	23 ~ 40

八、淬透性与淬硬层深度的关系

钢的淬硬层深度，也叫淬透层深度。在其他条件均相同的情况下，钢的淬透性越高，淬硬层深度就越大，因此可根据淬硬层来判定钢的淬透性高低。可是在其他条件改变的情况下，淬透性高的钢，其淬硬层深度不一定是大的。例如有两个尺寸不同的工件，分别选用不同淬透性的钢来制造，尺寸小的工件选用淬透性较低的钢；在淬火后，很可能是尺寸小的工件反而得到较大的淬硬层深度。这是因为尺寸小的工件，心部冷却速度大，使它有可能超过临界冷却速度，而达到淬透。这个例子指出，要求淬透的小尺寸工件，不一定要选用淬透性很高的钢。

九、在设计中如何考虑钢的淬透性

钢的淬透性对机械设计很重要，设计人员必须对钢的淬透性有充分的了解，以便根据工件的工作条件和性能要求进行合理选材。

机械制造中许多大截面零件和在动载荷下工件的许多重要零件，以及承受拉力和压力的螺栓、拉杆、锻模、锤杆等重要工件，常常要求零件的表面和心部力学性能一致，此时应当选用全部淬透的钢。

当工件的心部力学性能对于使用条件没有什么影响的情况下，则可考虑选用淬透性较低的、淬硬层较浅的（如淬硬层深度为工件半径或厚度的1/2，甚至

1/4）钢。

有些工件不可选用淬透性高的钢，例如焊接工件，若选用淬透性高的钢，就容易在焊缝热影响区内出现淬火组织，造成焊件变形和裂纹；又如承受强力冲击和复杂应力的冷镦凸模工件部分常因全部淬硬而脆断。

在设计中除从以上几方面考虑钢的淬透性外，还应注意以下几点：

（1）在设计中不可根据从手册里查到的小尺寸试样性能数据用于大尺寸工件的强度计算。

（2）淬透性低的大尺寸工件，淬硬层很浅，应考虑在淬火之前进行切削加工。

（3）由于碳钢的淬透性很低，有时在设计大尺寸工件时，用碳钢调质处理甚至还不如用碳钢正火更经济些。例如设计尺寸为 $\phi100mm$，用 45 钢调质能达到 $\sigma_b = 610MPa$，若用 45 钢正火也能达到 $\sigma_b = 600MPa$。

第五节 钢 的 回 火

一、回火的目的

钢淬火之后，硬度虽然很高，但脆性也大，其组织和内应力都不稳定，必须进行回火处理。回火就是把淬火后的零件加热到 Ac_1 以下某一温度，并在此温度下保持一定时间，然后以一定的冷却速度冷却到室温的热处理方法。

回火的主要目的：

（1）降低脆性，消除或减少内应力：钢件淬火后存在很大的内应力和脆性，如不及时回火往往会使钢件发生变形甚至开裂。

（2）获得工件所要求的力学性能。工件经淬火后，硬度高而脆性大，为了满足各种工件的不同性能的要求，可以通过适当回火配合来调整硬度，减小脆性，得到所需要的韧性、塑性。

（3）稳定工件尺寸：淬火马氏体和残余奥氏体在淬火钢中都是极不稳定的组织组成物，它们会自发地向稳定的铁素体和渗碳体或碳化物的两相混合物的组织进行转变。从而引起工件尺寸和形状的继续改变。

（4）对于退火难以软化的某些合金钢，在淬火（或正火）后常采用高温回火，使钢中碳化物适当聚集，将硬度降低，以利切削加工。

按回火温度不同，将回火处理分为低温回火、中温回火、高温回火三类。

二、淬火钢在回火时的转变

以共析碳钢为例，淬火后钢的组织由马氏体和残余奥氏体所组成，它们都是不稳定的，有自发转变为铁素体和渗碳体平衡组织的倾向。淬火钢的回火正是促使这种转变易于进行，把这种转变称为回火转变。

在淬火钢中马氏体是比容最大的组织，而奥氏体是比容最小的组织。在发生回火转变时，必然会伴随着明显的体积变化。当马氏体发生转变时，钢的体积将减小；当残余奥氏体发生转变时，钢的体积将增大。因此，根据淬火钢在回火时的体积变化，就可了解回火时的相变情况。

在 $<100℃$ 回火时，钢的体积没有变化，表明淬火钢中没有明显的转变发生。经 X 射线分析证明，此时只发生马氏体中碳原子的偏聚，而没有开始分解。

在 $100\sim200℃$ 回火时，钢铁体积发生收缩，即发生回火的第一次转变（回火第一阶段），X 射线分析证明，在此温度范围，马氏体开始分解，它的正方度减小，固溶在马氏体中的过饱和碳原子脱溶沉淀而析出 δ 碳化物（晶体结构为正交晶格，分子式为 $Fe_{2.4}C$），这种碳化物与马氏体保持共格联系。δ 碳化物不是一个平衡相，而是向着 Fe_3C 来转变前的一个过渡相。同时由于温度较低，马氏体中的碳并未全部析出，它们仍然含有过饱和的碳。所以在回火第一次转变后钢的组织由过饱和 α 固溶体和与母相晶格联系的 δ 碳化物所组成。这种组织称为回火马氏体。

由于此时的碳化物极为细小，又与母相共格联系，加之母相仍然是饱和的固溶体，因而钢的硬度在回火第一阶段中不至于降低，而且对共析和过共析钢的硬度还略有升高，这是因为它们所析出的 δ 碳化物数量较多，弥散硬化的效果较大所致。

在第一次转变后，继续加热到 $200\sim300℃$ 的温度范围时，钢的体积又发生膨胀，这主要是因为在钢的组织中比容小的残余奥氏体分解所致。淬火碳钢中残余奥氏体自 $200℃$ 开始分解，至 $300℃$ 分解基本完成，一般转变为下贝氏体。这种转变称为回火第二次转变或回火第二阶段。在第二次转变终止时（$300℃$ 左右），在 α 固溶体中仍含有约 $0.15\%\sim0.20\%C$。

在回火第二阶段中，虽然马氏体继续分解会降低钢的硬度，但是由于同是出现软的残余奥氏体分解为较硬的下贝氏体，所以使钢的硬度并不显著降低。

在温度继续升高时，钢的体积又发生收缩，这表明，过饱和碳从 α 固溶体内继续析出，同时 δ 碳化物也逐渐转变为 Fe_3C，一直延续至 400℃ 而告终。这种转变称为第三次转变或回火的第三阶段。显然，由于过饱和碳自 α 固溶体内析出，并出现稳定的与母相不再有晶格联系的 Fe_3C 相，因而内应力大量消除。经第三次转变后，钢即由铁素体和渗碳体所组成。

继续升高温度，将使渗碳体质点发生聚合，而得到较粗的组织，称为回火第四次转变或回火第四阶段。

在回火的第四阶段（温度超过 400℃），α 固溶体的含碳量已降至平衡浓度。此时，α 固溶体已由体心正方晶格变为体心立方晶格，内部亚结构发生回复与再结晶时，所产生的固溶强化作用已完全消失，而钢的硬度和强度则取决于渗碳体质点的尺寸和弥散度。回火温度越高，渗碳体质点越大，弥散度越小，则钢的硬度和强度越低，而其韧性则有较大的提高。

综上所述，淬火碳钢在回火时的转变，大致包括马氏体分解、残余奥氏体转变、碳化物聚集长大及 α 固溶体的回复与再结晶等四个阶段。

关于淬火钢在回火过程中，马氏体的含碳量、残余奥氏体量、内应力及渗碳体质点的尺寸等随回火温度发生变化。

在碳钢回火各阶段所形成的组织大致为：

（1）回火马氏体：高碳淬火钢在 150~250℃ 低温回火时，由于 δ 碳化物的析出和残余奥氏体的部分分解而获得回火马氏体和残余奥氏体以及下贝氏体的混合组织，其中主要是回火马氏体。在电子显微镜下观察时，可见到回火马氏体保持着片状形态，其上分布有细小的 δ 碳化物。

中碳钢淬火后得到板条状和片状马氏体的混合组织；低温回火后所得到的回火马氏体也保持板条状和片状形态。

低碳钢淬火后得到低碳板条状马氏体组织，经回火或低温回火后，只有碳原子的偏聚，没有碳化物的析出，其形态保持不变。

（2）回火屈氏体：在 350~500℃ 范围内回火所得的组织为回火屈氏体，它的渗碳体是粒状的。

（3）回火索氏体：在 500~650℃ 范围内所得的组织为回火索氏体，它的渗碳体颗粒比回火屈氏体粗，弥散度较小。

回火组织与一般组织相比，均具有较优的性能。如硬度相同时，回火屈氏体和回火索氏体比一般屈氏体（油淬）和索氏体（正火）具有较高的强度、塑性和韧性。这主要是因为组织形态不同所致。

三、回火的种类及应用

1. 低温回火（150~250℃）

淬火后于150~250℃之间进行回火，称为低温回火。低温回火获得回火马氏体为主的组织，它具有高的强度、硬度、耐磨性及一定的韧性。主要用于中、高碳钢制造的零件以及渗碳和碳氮共渗淬火后的零件。

2. 中温回火（350~500℃）

淬火件经中温回火后可以获得回火托氏体。中温回火后，淬火钢具有高的弹性极限，较高的强度和硬度，并有足够的塑性和韧性。

中温回火温度一般不宜低于350℃，以避免第一类回火脆性。

中温回火主要用于各种弹簧钢。

3. 高温回火（500~650℃）

淬火后进行高温回火的热处理工艺一般称为调质处理。钢经调质处理后，获得具有良好的综合力学性能的粒状回火索氏体组织。

高温回火主要用于中碳调质钢所制造的各种机械结构零部件。

含有Cr、Ni、Mn等合金元素的调质钢高温回火后应油冷以避免高温回火脆性。

应特别指出，高碳高合金钢在高温加热淬火后，回火稳定性很高，经500~600℃回火后组织还是回火马氏体，并不属于调质处理。

除了以上三种常用的回火方法外，某些高合金钢还在640~680℃进行软化回火。某些量具等精密工件，为了保持淬火后的高硬度及尺寸稳定性，有时仅在100~150℃进行长时间的加热（10~15小时），这种低温淬火后的回火称为"尺寸稳定"处理或时效处理。应该注意到的是，从以上各温度范围中看出，没有在250~350℃进行回火，因为这正是钢容易发生低温回火脆性的温度范围。

表4-6是常用调质钢的回火温度和硬度。

表 4 - 6　　　　　　　　常用钢根据硬度要求选用的回火温度

钢号	硬度（HRC）							
	25～30	30～35	35～40	40～45	45～50	50～55	55～60	＞60
35	520	460	420	350	290	＜170	—	—
45	550	500	450	380	320	240	＜200	—
50	560	510	460	390	330	240	180	—
60	620	600	520	400	360	310	250	—
T8、T8A	580	530	470	430	380	320	230	180
T10、T10A	580	540	500	450	400	340	260	180
T12、T12A	580	540	490	430	380	340	260	＜200
40Cr	650	580	480	450	360	200	＜160	＜200
30CrMnSi	620	530	500	480	230	200	—	—
35CrMo	600	550	480	400	300	200	—	—
3Cr2Mo	620	600	560	520	480	400	—	—
3Cr2NilMo	650	625	600	550	500	400	—	—
42CrMo	620	580	500	400	300	—	180	—
40CrNiMoA	640	600	540	480	420	320	—	—
38CrMoAlA	—	680	630	530	430	320	200	—
65Mn	600	540	500	440	380	300	230	＜170
60Si2Mn	650	620	590	520	430	370	300	180
50CrV	650	560	500	440	400	280	180	—
GCr9	—	550	500	460	410	350	270	＜180
GCr15	600	570	520	480	420	360	280	＜180
9Mn2V	—	—	—	500	400	320	250	＜180
9CrSi	670	620	580	520	450	380	300	100
9CrWMn	—	620	570	520	470	370	250	＜200
CrWMn	660	640	600	540	500	380	280	＜220
Cr12*	—	720	680	630	560	520	250	＜180
Cr12**	—	750	700	650	600	550	—	525 二次
Cr12MoV*	700	740	670	630	600	530	300	＜180
Cr12MoV**	—	770	710	650	610	500、580	—	550
Cr12MolVl*	700	680	650	620	580	550	500	—
Cr12MolVl**	—	—	700	650	600	580	550	550
5CrMnMo	—	580	540	480	420	300	＜200	—
5CrNiMo	—	600	550	450	380	280	＜200	—
4Cr5MoSiV	—	—	—	600	580	520	480	—
4Cr5MoSiV1	700	650	620	600	580	520	480	—
4Cr5W2SiV	—	—	—	650	600	550	500	—
3Cr2W8V	800	—	700	640	540	＜200	—	—

续表

钢号	硬度（HRC）							
	25～30	30～35	35～40	40～45	45～50	50～55	55～60	＞60
W18Cr4V	—	—	—	720	700	680	650	550 三次
W6Mo5Cr4V2	—	—	—	—	—	—	—	570 三次
2Cr13	—	610	580		260～480	180		
4Cr13	—	610	580	550	520	200～300	—	—
9Cr19	—	—	—	—	580	320～530	100～200	＜100
4Cr9Si2	—	700	600	500	380	300	＜190	—

注：* 为一次硬化加热淬火，** 为二次硬度化加热淬火。

四、钢的回火脆性

随回火温度的升高，淬火钢的强度、硬度降低，而塑性、韧性增加。但在许多钢中却发现，钢的韧性并非随回火温度的升高而连续提高，而是在某些温度范围内回火后，其韧性反而降低，这种现象称为回火脆性。

1. 低温回火脆性

淬火钢在 250～400℃之间回火后出现韧性降低的现象称为低温回火脆性，也称为第一类回火脆性。几乎所有工业用钢都有不同程度的低温回火脆性。

2. 高温回火脆性

高温回火脆性是指含有 Cr、Ni、Mn 等合金元素的合金钢淬火后在 450～650℃回火后产生韧性减低的现象，也称为第二类回火脆性。

高温回火脆性具有可逆性。即将已产生高温回火脆性的钢件，在 600～650℃之间重新加热，然后快冷，其脆性即可消除。

对于第一类回火脆性只能避免在这个温度范围内回火，而对第二类回火脆性可在回火后快冷来防止，在钢中加入 Mo、W 等合金元素也能有效地抑制这类回火脆性的产生。

第六节　钢的淬火、回火缺陷

一、钢的淬火缺陷

除了前述的加热缺陷过热、过烧、氧化、脱碳和氢脆外，钢的淬火还会出现如下缺陷。

1. 淬火畸变

有体积变化、形状畸变。淬火变形是不可避免的现象，但通过选择材料、改进结构设计、合理选择淬火方法及规范等可有效减少和控制淬火变形；如果变形超差，还可以采用热校直、冷校直、热点发校直、加压回火等加以修正。

2. 淬火开裂

断口有淬火油的痕迹，无氧化色，裂纹两侧无脱碳现象。产生的原因有：

1）报错材料，热处理工艺不合适；冷却不当，在 Ms 温度以下快冷，相变应力过大。

2）工件截面尺寸相差太大，或孔洞很多，或有应力集中的危险位置。

3）淬火加热温度过高，晶粒粗大，脆性大。过烧时晶界氧化或熔化。

4）大件高合金钢工件没有预热，加热速度过大引起加热开裂。

5）原始组织不良，原材料存在网状共晶碳化物或球化退火不良。

6）原材料有显微裂纹，淬火时裂纹扩大开裂。

淬火开裂是不可补救的淬火缺陷，只有采取积极的预防措施，如减少和控制淬火应力的大小、方向、分布，控制原材料的质量和热加工质量，以及正确的结构设计等。

3. 硬度不足

产生的原因有：

1）加热不足：加热温度低，保温时间短，有未熔铁素体或合金元素熔解不足，奥氏体不均匀，淬透性差。

2）冷却不足：钢的淬透性差、工件尺寸过大、介质冷却能力差、预冷时间过长、水淬时间过短等出现非马氏体组织。

3）含碳量不足：原材料含碳量不足、原材料表面脱碳或加热过程表面脱碳。

4）残余奥氏体量多：高碳高合金钢淬火温度过高，奥氏体过于稳定。

4. 软点：局部区域硬度偏低或硬度不均匀。产生的原因有：

1）淬火时工件运动不够，气泡阻碍局部冷却。

2）表面有氧化皮、锈斑或附着物阻碍局部冷却。

3）原材料成分不均匀或原始组织不均匀，有严重的带状组织或碳化物偏析。

4）加热时炉温不均匀或装炉不当使工件加热不均匀和冷却不均匀。

二、钢的回火缺陷

1）硬度偏高：回火不足，回火温度低或保温时间不够。

2）硬度低：回火温度过高或原淬火硬度不高。

3）回火畸变：加热不均匀或淬火应力松弛引起。

4）硬度不均匀炉温不均匀或装炉量太多引起回火不均匀。

5）回火脆性：在回火脆性温度区回火、高温回火后没有快冷。

6）回火开裂：未能及时回火、回火加热速度过快。

第七节　钢的表面淬火

表面淬火是将工件快速加热到淬火温度，然后迅速冷却，仅使表面层获得淬火组织而心部仍保持原始组织的热处理方法。齿轮、凸轮、曲轴及各种轴类等零件要求表面具有高的强度、硬度和耐磨性，要求心部具有一定的强度、足够的塑性和韧性。采用表面淬火工艺可以达到这种表面硬心部韧的性能要求。根据工件表面加热源的不同，钢的表面淬火有很多种，例如感应加热、火焰加热、盐浴快速加热、电接触加热、电解液加热以及激光加热等表面淬火工艺。

一、感应加热表面淬火

感应加热表面淬火是利用电磁感应原理，在工件表面产生密度很高的感应电流，并使之迅速加热至奥氏体状态，随后快速冷却获得马氏体组织的淬火方法。图4－8感应加热表面淬火示意图。

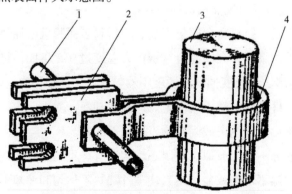

图4－8　感应淬火加热表面淬火示意图

1—冷却水管　2—夹持连接板　3—工件　4—感应器

生产上根据零件尺寸及硬化层深度的要求选择不同的电流频率。根据不同的电频率可将感应加热表面淬火分为三类：

1. 高频感应加热表面淬火

常用电流频率为 200～250kHz，可获得表面硬化层深度为 0.5～2mm。主要用于中小模数齿轮和小轴的表面淬火。

2. 中频感应加热表面淬火

常用的电流频率为 2500～8000Hz，可获得 3～6mm 深的硬化层。主要用于要求淬硬层较深的零件，如发动机曲轴、凸轮轴大模数齿轮、较大尺寸的轴和钢轨的表面淬火。

3. 工频感应加热表面淬火

常用电流频率为 50Hz，可获得 10～15mm 以上的硬化层。适用于大直径钢材的穿透加热及要求淬硬层深的大工件的表面淬火。

感应加热速度快，一般不进行保温，为使先共析相充分溶解，感应加热表面淬火可采用较高的加热温度。高频感应加热表面淬火比普通加热淬火温度高 30～200℃。

感应加热表面淬火通常采用喷射冷却法，冷却速度可通过调节液体压力、温度及喷射时间控制。工件表面淬火后进行低温回火，以降低残余应力和脆性，并保持表面高硬度和高耐磨性。

为了保证工件表面淬火后的表面硬度和心部强度及韧性，一般选用中碳钢及中碳合金钢，其表面淬火前的组织应为调质态或正火态。

感应加热表面淬火后低温回火的金相组织，其表面为高硬度的回火马氏体，心部为强韧性好的回火索氏体。感应淬火后的有效硬化层深度（DS）：从零件的表面到维氏硬度等于极限硬度（零件表面要求的最低硬度为 0.8 倍）的那一层之间的距离。硬度测量所采用的负荷为 9.8N（1kg），最靠近表面的压痕中心与表面的距离为 0.15mm，从表面到各逐次压痕中心之间的距离应每次增加 0.1mm。通过协商，也可用洛氏硬度测量。

二、火焰加热表面淬火

火焰加热表面淬火就是在短时间内将零件表面用强烈的火焰加热到临界温度以上（A_{c3} 以上 80～100℃），并随后进行冷却，而使工件表面淬硬的淬火方法。

此外，还有盐浴快速加热表面淬火。

第八节 钢的化学热处理

一、概 述

化学热处理是将工件置于一定介质中加热和保温，使介质中的活性原子渗入工件表层，以改变表层的化学成分和组织，从而达到使工件表面具有特殊的力学性能的一种热处理工艺。与表面淬火比较，化学热处理的主要特点是：表面层不仅有组织的变化，而且有成分的变化。

化学热处理工艺较多，由于渗入元素不同，会使工件表面具有的性能也不同。如渗碳、碳氮共渗可提高钢的硬度、耐磨性及疲劳强度；氮化、渗硼、渗铬使表面特别硬，显著提高耐磨性和耐蚀性；渗硫可提高减磨性；渗硅可提高耐酸性；渗铝可提高耐热抗氧化性等。

化学热处理时，要使碳、氮等原子渗入工件表层，必须具备以下条件。

（1）钢本身必须具有吸收这些渗入元素活性原子的能力，即对它具有一定的溶解度，或能与之化合，形成化合物，或既具有一定溶解度，又能与之形成化合物。

（2）渗入元素的原子必须是具有化学活性的活性原子，即它是从某种化合物中分解出来的，或由离子转变而成的新生态原子，同时这些原子应一定的扩散能力。

因此，化学热处理的基本程序大致如下：

（1）将工件加热到一定温度，使有利于渗入元素活性原子被它吸收；

（2）由化合物分解或离子转变而到渗入元素的活性原子；

（3）活性原子被吸附，并深入工件表面，形成固溶体，在活性原子浓度很高时，还可形成化合物；

（4）渗入原子在一定温度下，由表层向内扩散，形成一定的扩散层。

目前在汽车、拖拉机和机床制造中，最常用的化学热处理工艺有渗碳、渗氮和气体碳氮共渗等，下面分别加以讨论（表4-7）。

表4-7　　　　　　　　　常用的化学热处理类型及处理目的

名称	渗入元素	处理目的及渗层性能
渗碳	C	提高钢铁零件的硬度、耐磨性和疲劳强度
渗氮	N	提高钢铁零件的硬度、耐磨性和疲劳强度，改善钢的耐腐蚀性
碳氮共渗	C、N	基本性能和渗碳相似，适用于渗碳钢和中碳结构钢，渗层比较浅，共渗温度比渗碳低，变形较小，某些情况下，耐磨性、抗疲劳性比渗碳好

续表

名称	渗入元素	处理目的及渗层性能
氮碳共渗	N、C	提高钢铁零件的硬度、耐磨性和疲劳强度
渗硫	S	提高钢铁零件的减摩、抗擦伤、抗咬合性能
硫氮共渗	S、N	提高钢铁零件的硬度、红硬性、耐磨性和减摩性能
硫碳氮共渗	S、C、N	提高钢铁零件的硬度、耐磨性、减摩、抗咬合性，改善耐腐蚀性
氧氮共渗	O、N	提高高速钢刀具的硬度、红硬性和耐磨性，改善减摩性能
渗硼	B	表面硬度可达 1300 ~ 2300HV，耐磨性优于渗碳和硫氮共渗，但脆性较大，有较高的耐浓酸和耐碱腐蚀的能力，有较高的抗氧化性和热稳定性

二、钢的渗碳及其金相组织

将低碳钢件放入渗碳介质中，在 900 ~ 950℃加热保温，使活性碳原子渗入钢件表面并获得高碳渗层的热处理方法叫做渗碳。工件经过渗碳及随后的淬火并低温回火后可以获得很高的表面硬度、耐磨性以及高的接触疲劳强度和弯曲疲劳强度；而心部仍保持低碳，具有良好的塑性和韧性。

（一）气体渗碳

气体渗碳是把零件放入含有气体渗碳介质的密封高温炉罐中进行碳的渗入的渗碳方法。可分为滴注式气体渗碳和吸热气氛渗碳，一般工厂多采用滴注式气体渗碳（图 4 – 9）。

(a) 气体渗碳炉

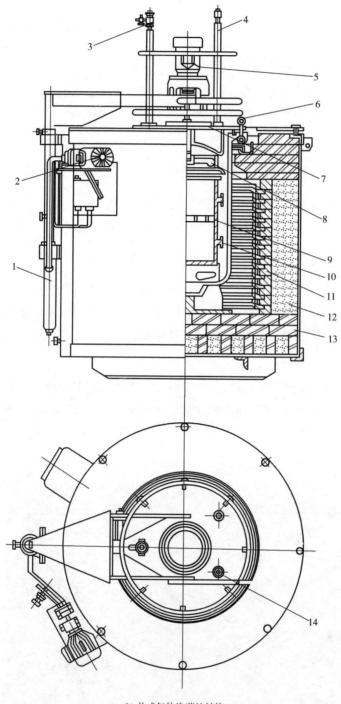

(b) 井式气体渗碳炉结构

图 4-9　滴注式气体渗碳

1—油缸　2—电动机油泵　3—滴管　4—取气管　5—电动机　6—吊环螺钉　7—炉盖　8—风叶

9—料筐　10—炉罐　11—电热元件　12—炉衬　13—炉壳　14—试样管

滴注式气体渗碳是在气体渗碳炉中进行的（图 4 - 9）。通常是把煤油、苯或甲醇、丙酮等液态碳氢化合物直接滴入高温渗碳炉内，使其热裂分解出活性碳原子并渗入零件表面。渗碳温度一般为 900 ~ 950℃，渗碳保温时间根据渗碳层深度要求而定。

表 4 - 8 为 920℃渗碳温度下，渗碳层厚度和保温时间的关系。

表 4 - 8　　　　　　　　　　渗碳层厚度和保温时间的关系

渗碳时间（h）	3	4	5	6	7
渗碳层厚度（mm）	0.4 ~ 0.6	0.6 ~ 0.8	0.8 ~ 1.2	1.0 ~ 1.4	1.2 ~ 1.6

气体渗碳生产周期短，易于控制渗碳质量，便于直接淬火，劳动条件较好，故应用广泛。滴注式气体渗碳时，由于渗剂直接滴入炉内，如果热裂分解出来的活性碳原子过多，不能全部为零件表面吸收，而是以炭黑，焦油等形式沉积于零件表面，会阻碍渗碳过程。所以要控制渗碳剂的滴入量，适当降低渗碳气氛中的碳势。

渗碳零件所要求的渗碳层厚度，随其具体尺寸及工件条件的不同而定。如齿轮的渗碳层厚度是根据齿轮的工件特点及模数大小等因素来确定，渗碳层厚度太薄易引起表面疲劳剥落，太厚则受不起冲击。

近年来发展的可控气氛渗碳，就是同时向高温炉中滴入两种有机液体，一种液体产生的气体碳势比较低，作为稀释气体；另一种液体产生的气体碳势较高，作为主要渗剂。通过改变两种液体的滴入比例，既可以保证炉内压力，又可调节炉内碳势，就可使零件表面的含碳量控制在要求范围内。此外，从气体发生炉直接向渗碳炉中通入具有一定成分的可控气氛，也能精确控制零件表面的含碳量。

（二）固体渗碳

固体渗碳是将低碳钢件放入装满固体渗碳剂的渗碳箱中，并用盖和耐火泥密封后送入炉内加热至渗碳温度保温，以使活性碳原子渗入工件表面，获得一定深度的渗层的热处理方法，如图 4 - 10 所示。

固体渗碳剂由一定颗粒度的木炭加 3% ~ 5% 的碳酸盐（Na_2CO_3 或 $BaCO_3$）混合而成。固体渗碳剂一定要干燥，否则会因水分过多而达不到渗碳效果。渗碳温度一般为 900 ~ 930℃；渗碳时间视渗碳层深度要求而定。

$$BaCO_3（或 NaCO_3）\rightarrow BaO + CO_2$$

$$CO_2 + C（碳粒）\rightarrow 2CO$$

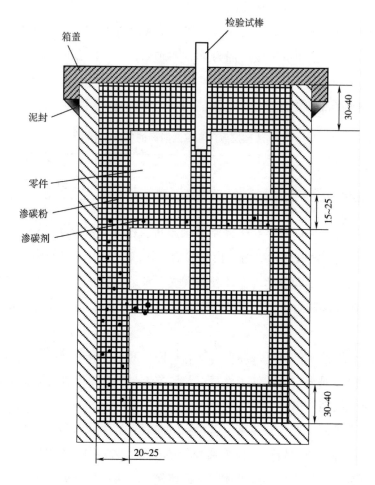

图 4 – 10 固体渗碳装箱示意图

在渗碳温度下，CO 不稳定的，它在钢的表面发生 2CO→［C］＋ CO$_2$气相反应，提供活性碳原子溶解于奥氏体，然后向钢的内部扩散而进行渗碳。

固体渗碳不需要专门设备，工艺简单，适宜于单件和小批量生产；但加热时间长，生产效率低，劳动条件差，渗层深度不易控制，生产上已逐渐少采用。

生产上还有采用一种叫膏剂渗碳的，实质上也是固体渗碳，它是将木炭和催渗剂研成粉末状，用液体粘结剂调拌成膏状，涂在零件需要渗碳的部位上，然后进行高温处理。膏剂渗碳易实现局部渗碳的目的，渗碳速度比固体渗碳稍快，对形状复杂，渗碳面积小的零件来说，具有良好的经济效果。

生产上，局部渗碳还可采用防渗碳的办法，一是在不要求渗碳的部位预留加工余量，整体渗碳后慢冷，用机械加工切除这部分余量后再淬火；二是在不要求渗碳的部位镀铜或涂上防渗碳涂料以防止渗碳。

（三）液体渗碳

液体渗碳是将钢件放在含碳的盐浴介质中加热，是钢件表面吸收碳原子并向心部扩散的一种渗碳方法。和固体渗碳相比，液体渗碳的优点是渗层组织均匀，也有较合适的表面碳浓度，所需的渗碳时间比较短，便于渗碳后直接淬火。此外，要求不同渗层深度的零件可以同炉处理。但液体渗碳的盐浴有剧毒（所谓无毒性的渗碳剂，其反应产物也含氰根），劳动条件恶劣，并且废气、废水、废渣会对环境造成严重污染，现逐渐为气体渗碳代替。

（四）常用渗碳钢

渗碳钢的含碳量实际上是渗碳零件心部的含碳量，一般为 ω（C）0.10% ~ 0.25%，都是低碳钢，这是为了保证心部有足够的塑性和韧性。但含碳量过低，会使心部强度不足，渗碳层易剥落。要提高心部强度，还要把心部淬火成低碳马氏体，所以渗碳钢要有足够的淬透性，常加入提高淬透性的元素 Cr、Ni、Mn、Mo、W、Si、B 等。由于渗碳是在高温下进行的，为了防止奥氏体晶粒长大，渗碳钢应是本质细晶粒钢，还常加入少量阻碍奥氏体晶粒长大的元素 W、V、Ti 等。

碳化物形成元素 Cr、Mo、W 等加入钢中可以提高渗层的碳浓度、渗层深度和渗入速度，而非碳化物形成元素 Si、Ni 等则降低渗层浓度和厚度。

（1）低强度渗碳钢：又称低淬透性渗碳钢，常用的钢号有 15、20、20MnV、15Cr 等。由于这类钢淬透性低，只适用于对心部强度要求不高的小型渗碳件。

（2）中强度渗碳钢：又称中淬透性渗碳钢，常用钢号有 20Cr、20CrMnTi、20MnVB 和 20MnTiB 等。这类钢的淬透性和心部强度均较高，可用于制造一般机器中较为重要的渗碳件。

（3）高强度渗碳钢：又称高淬透性渗碳钢，常用钢号有 20Cr2Ni4A、18Cr2Ni4WA、15CrMn2SiMo 等。这类钢具有很高的淬透性，心部强度很高，因此这类钢可用于制造截面较大的重负荷渗碳件。

（五）渗碳层的金相组织

低碳钢（含碳 0.15% ~ 0.25%）或低碳合金钢渗碳后渗层的含碳量是不均匀的，表面含碳量最高，由表层向心部含碳量逐渐降低，直至原始含碳量。因此，渗碳后缓冷的组织，表层为珠光体加二次渗碳体的过共析组织；往里是共析组织和亚共析组织的过渡区，直至原始组织（图4-11）。

渗碳层深度按下式计算：

| 过共析层 | 共析层 | 亚共析层 | 基体 |

图 4 – 11　渗碳层金相组织

$$渗碳层深度 = 过共析层 + 共析层 + 1/2\ 亚共析层$$

（六）渗碳后的热处理

为了发挥渗碳层的作用，使零件表面获得高硬度和高耐磨性，心部保持足够的强度和韧性，零件渗碳后必须进行淬火、回火热处理。根据钢材的化学成分、渗碳方法和使用上对组织和性能的要求，渗碳后的热处理有以下几种。

1. 直接淬火 + 低温回火［图 4 – 12（a）］

对于本质细晶粒钢，通常采用渗碳后预冷至淬火温度直接淬火，随后进行 180 ~ 220℃ 的回火。预冷的目的是减少淬火应力和变形。

2. 一次加热淬火 + 低温回火［图 4 – 12（b）］

零件渗碳后空冷，而后再加热淬火。选择淬火加热温度时，主要要求表面耐磨的零件，应取偏低的加热温度（760 ~ 800℃）；反之负荷较大，主要要求中心综合力学性能的零件，应取偏高的加热温度（810 ~ 850℃）。

这种处理适用于渗碳后还需切削加工的零件或渗碳时晶粒易长大的钢。

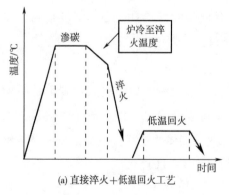

(a) 直接淬火 + 低温回火工艺　　(b) 一次加热淬火 + 低温回火工艺

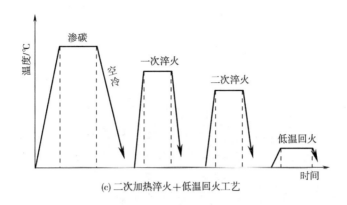

(c) 二次加热淬火＋低温回火工艺

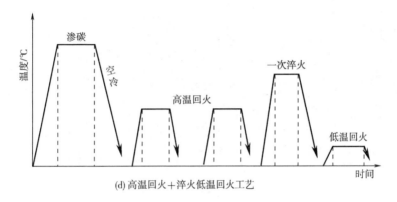

(d) 高温回火＋淬火低温回火工艺

图 4 – 12　渗碳后的几种热处理工艺

3. 二次加热淬火＋低温回火〔图 4 – 12（c）〕

对渗碳时晶粒长大而组织和力学性能要求又很高的零件采用。第一次淬火的目的是细化零件心部的粗大组织及消除渗碳层表面的网状渗碳体，加热温度应在心部的 A_{C3} 以上温度（850 ~ 870℃）。第二次淬火的目的是为消除第一次淬火时渗层的过热组织，加热温度较低（760 ~ 830℃），使表面能得到隐晶马氏体或细针马氏体加细小均匀的粒状碳化物，从而得到高的力学性能。采用二次加热淬火的零件变形较大，常用正火来代替第一次淬火。

4. 高温回火＋淬火低温回火〔图 4 – 12（d）〕

对于高淬透性的合金钢，渗碳后空冷硬度很高，如要切削加工，必须在渗碳空冷后先进行 1 ~ 2 次高温回火，降低硬度和减少残余奥氏体量。以后再进行淬火及低温回火。

渗碳件经淬火并低温回火后，表层组织为高碳细针状回火马氏体加上细粒状渗碳体，硬度为 58～62HRC。心部组织随钢种而异：低碳钢淬透性差，为铁素体加珠光体；低碳合金钢淬透性好，心部组织由低碳马氏体和少量铁素体组成（图4-13）。根据渗层组织和性能的要求，一般零件渗层含碳量最好控制在0.85%～1.05%左右，渗层厚度一般为0.5～2.0mm，渗层碳浓度变化应当平缓过渡。

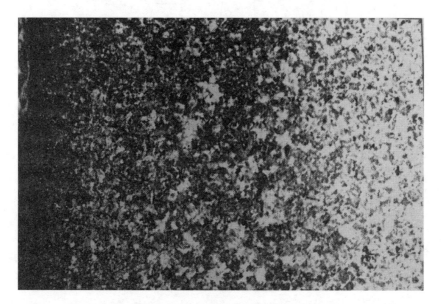

图4-13　渗碳层淬火低温回火组织

（七）渗碳淬火后有效硬化层深度的测定

有效硬化层深度是指从零件表面到维氏硬度值为550HV处的垂直距离。有效硬化层深度用DC表示，测定对象可以是渗碳和碳氮共渗，有效硬化层深度大于0.3mm的零件。

测量时载荷为9.8N（1kg），两压痕之间的距离不超过0.1mm。

（八）钢的渗碳常见缺陷

钢的渗碳常见缺陷及防止措施见表4-9。

表4-9　　　　　　　　　　　　钢的渗碳常见缺陷及防止措施

缺陷形式	形成原因及防止措施	返修方法
表层粗大块状或网状碳化物	渗碳剂活性太高或渗碳保温时间过长 降低渗剂活性，当渗层要求较深时，保温后期适当降低渗剂活性	1. 在降低碳势气氛下延长保温时间，重新淬火 2. 高温加热扩散后再淬火

续表

缺陷形式	形成原因及防止措施	返修方法
表层大量残余奥氏体	淬火温度过高，奥氏体中碳及合金元素含量较高降低渗剂活性，降低直接淬火或重新加热淬火的温度	1. 冷处理 2. 高温回火后，重新加热淬火 3. 采用合适的加热温度，重新淬火
表面脱碳	渗碳后期渗剂活性过分降低，气体渗碳炉漏气。液体渗碳时碳酸盐含量过高。在冷却罐中及淬火加热时保护不当，出炉时高温状态在空气中停留时间过长	1. 在活性合适的介质中补渗 2. 喷丸处理（适用于脱碳层≤0.02mm时）
表面非马氏体组织	渗碳介质中的氧向钢中扩散，在晶界上形成 Cr、Mn 等元素的氧化物，致使该合金元素贫化，淬透性降低，淬火后出现黑色网状组织（托氏体） 控制炉内介质成分，降低氧的含量，提高淬火冷却速度。合理选择钢材	当非马氏体组织出现处深度≤0.02mm时，可用喷丸处理强化补救，出现深度过深时，重新加热淬火
心部铁素体过多	淬火温度低，或重新加热淬火保温时间不够	按正常工艺重新加热淬火
渗层深度不够	炉温低，渗层活性低，炉子漏气或渗碳盐浴成分不正常 加强炉温校验及炉气成分或盐浴成分的监测	补渗
渗层深度不均匀	炉温不均匀，炉内气氛循环不良，升温过程中工件表面氧化，炭黑在工件表面沉积，工件表面氧化皮等没有清理，固体渗碳时渗碳箱内温差大及催渗剂拌和不均匀	
表面硬度低	表面碳浓度低或表面脱碳，残余奥氏体量过多，或表面形成托氏体网	1. 表面碳浓度低者可进行补渗 2. 残余奥氏体多者可采用高温回火或淬火后补一次冷处理消除残余 3. 表面有托氏体者可重新加热淬火

续表

缺陷形式	形成原因及防止措施	返修方法
表面腐蚀和氧化	渗剂中含有硫或硫酸盐，催渗剂在工件表面熔化，液体渗碳后工件表面粘有残盐，有氧化皮，工件涂硼砂重新加热淬火等均引起腐蚀 工件高温出炉保护不当均引起氧化 应仔细控制渗剂及盐浴成分，对工件表面及时清理及清洗	

三、钢的氮化（气体氮化）

氮化是向钢的表面层渗入氮原子的过程。其目的是提高表面硬度和耐磨性，以及提高疲劳强度和抗腐蚀性。

（一）氮化原理及工艺

目前工业中应用最广泛的、比较成熟的是气体氮化法。它是利用氨气在加热时分解出活性氮原子，被钢吸收后在其表面形成氮化层，同时向心部扩散。氨的分解反应如下。

$$2NH_3 \rightarrow 3H_2 + 2 [N]$$

氮化通常利用专门设备或井式渗碳炉进行。氮化前须将调质后的零件除油净化。入炉后应用氨气排除炉内空气。

氨的分解在200℃以上开始，同时因为铁素体对氮有一定的溶解能力，所以气体氮化一般都是在不超过钢的 A_1 大约 500～570℃ 来进行。由于氮化温度低，因而氮化速度慢，例如得到 0.3～0.5mm 厚的氮化层需要 20～50h，而得到相同厚度的渗碳层只需要 3h 左右。

（二）氮化处理的特点

（1）氮化往往是工件加工工艺路线中最后一道工序，氮化后的工件至多再进行精磨或研磨。为了保证氮化工件心部具有良好的综合机械性能，在氮化之前有必要将工件进行调质处理，使获得回火索氏体组织。

（2）钢在氮化后，不再需要进行淬火便具有很高的表层硬度（≥HV850）和耐磨性，这是由于氮化层表面形成了一层坚硬的氮化物所致。

与渗碳相比，氮化后钢的硬度和耐磨性均较高，并且氮化层具有高的热硬性（即在 600～650℃ 加热，仍有较高的硬度）。

（3）氮化后，显著提高钢的抗疲劳强度。这是因为氮化层内具有较大的残余压应力，它能部分地抵消在疲劳载荷下的拉应力，延缓疲劳破坏过程。

（4）氮化后的钢具有很高的抗腐蚀能力。这是因为氮化层表面由连续分布的、致密的氮化物组成所致。

（5）氮化处理温度低，变形很小。它与渗碳、感应表面淬火相比，变形小得多。

综上所述，氮化处理变形小，硬度高，耐磨性和耐疲劳性能好，还有一定抗蚀能力及热硬性等。因此它广泛用于各种高速传动精密齿轮、高精度机床主轴（如镗杆、磨床主轴），在变向负荷工作条件下要求疲劳强度很高的零件（如高速柴油机曲轴），以及要求变形很小和具有一定抗热、耐蚀能力的耐磨零件（如阀门等）。

（三）氮化用钢与氮化处理技术条件

氮化用钢通常是含有 Al、Cr、Mo 等合金元素的钢。如 38CrMoAlA 是一种比较典型的氮化钢，还有 35CrMo、18CrNiW 等也经常作为氮化钢。近年来又在研究含钒、钛的氮化钢。Al、Cr、Mo、V、Ti 等合金元素极容易与氮元素形成颗粒细密、分布均匀、硬度很高而且非常稳定的各种氮化物，如 AlN、CrN、TiN、VN 等。这些氮化物的存在，对氮化钢的性能起着主要的作用。

关于氮化层厚度的选择，对不同工件应有所区别。表 4 - 10 是推荐采用 38CrMoAlA 钢制造零件的氮化层厚度范围。根据使用性能，氮化层一般不超过 0.60 ~ 0.70mm。

表 4 - 10　　　　　　　　　　　　氮化层厚度应用范围

要求厚度/mm	厚度范围/mm	应用举例
0.3	0.25 ~ 0.40	套环、小齿轮、模具、垫圈
0.5	0.45 ~ 0.60	镗杆、螺杆、主轴、套筒蜗杆、较大模数齿轮

因为氮化层薄，并且较脆，因此要求有较高强度的心部组织。为此，要先进行调质热处理，获得回火索氏体，提高心部力学性能和氮化层质量。38CrMoAlA 经调质热处理后其机械性能可达：$\delta_b \geq 1000MPa$，$\delta \geq 15\%$，$A_k \geq 72J$，HRC25 ~ 35。

为了减少零件在氮化处理中变形，在切削加工后，一般需要进行消除应力的高温回火（即高温时效）。对于重要复杂零件如主轴、螺杆、镗杆等尤为重要。粗加工后放粗磨加工余量一般为 1mm 左右。

氮化处理放精磨余量在直径方向上应留 0.10 ~ 0.15mm。因氮化层很薄，如放磨量过大，磨到尺寸时氮化层表面硬度就大大降低。因此某些零件氮化处理后，不经研磨直接使用。

氮化处理时还应注意，零件不需要氮化部分应镀铜或镀锡保护；亦可放1mm余量，氮化处理后磨去。对轴肩或截面改变处，采用 $R \geq 0.5\mathrm{mm}$ 圆角，否则此处氮化层易脆性爆裂。

氮化处理零件的技术要求，应注明氮化层表面硬度、厚度、氮化区域、心部硬度。重要零件还应提出对心部力学性能、金相组织及氮化层脆性等方面的具体要求。

（四）渗氮常见缺陷

气体渗氮常见缺陷的产生原因及防止措施如表4－11。

表4－11　　　　　　　气体渗氮常见缺陷的产生原因及防止措施

缺陷类型	产生原因	防止措施
渗氮层硬度低或硬度不均匀	渗氮温度偏高，采用的第一段氨分解率过高或渗氮罐与通氨管久未退氮。启用新渗氮罐	经常检验仪表、热电偶，防止电位差计失灵，氨分解率取下限渗氮罐与通氨管退氮，新渗氮罐应经过预渗，使分解率平衡控制
	工件未洗净，表面有油渍，材料组织不均匀密封不良，炉盖等处漏气装炉不当，气氛循环不良	洗净油污调整预先热处理工艺更换石墨石棉垫，加强密封合理装炉，保证气流畅通
渗氮层厚度浅	温度（尤其是第二段温度）偏低保温时间短，氮分解率低装炉不当，零件靠的太近	适当提高温度，校正仪表及热电偶酌情延长时间，提高氨分解率合理装炉，保证零件间留有5mm以上空隙
渗氮层脆性大	表面出现 ζ 相（Fe_2N）	渗氮后期将氨分解率提高到70%以上，于500～570℃保温2～4h，通过退氮使 $\zeta \rightarrow \varepsilon$（$Fe_3N$）
渗氮件变形超差	机加工产生的应力较大、零件尺寸大、形状复杂局部渗氮或渗氮面不对称渗氮层较厚时因比容大而产生较大组织应力，导致变形渗氮罐温度场不均匀度大零件自重的影响或装炉方式不当	粗磨后去应力处理，采用缓慢、分阶段升温法减低热应力，渗氮后冷却速度也尽量降低一些改进设计，避免不对称，局部渗氮时加热与冷却速度应降低胀大部位采用负公差，尺寸取下限；反之则尺寸取上限，选择合理的渗层厚度，防止过厚改进电热体布置，深井炉分段控温，强化循环长杆件吊挂时必须与轴中心线平行

续表

缺陷类型	产生原因	防止措施
表面氧化色	冷却时供氮不足， 渗氮罐与炉盖处密封不好 出炉温度过高	适当增大氨流量，保证罐内正压 改进密封措施 炉冷至200℃以下出炉
渗氮形成网状、脉状或鱼骨状氮化物	渗氮温度太高，原始组织晶粒粗大、零件有尖角、锐边、表面脱碳严重 加工粗糙度低 液氨含水量太高 气氛氮势过高	降低并严格控制温度，降低调质时淬火温度，改进设计，尽量避免尖角、锐边，调质处理的淬火工序应在允分脱氧的盐炉或保护气氛炉中进行，或表面脱碳层在机加工时能完全切除 渗氮前的磨削加工进给量减小，降低表面粗糙度 控制氨分解率，勿使氮势过高
化合物层不致密，抗蚀性差	氮浓度低，化合物层偏薄 冷却速度太慢，氮化物分解造成疏松层偏厚 零件锈斑未除净	氨分解率不宜过高 适当调整冷却速度 入炉前应除净锈斑

四、钢的碳氮共渗

碳氮共渗是向钢的表层同时渗入碳和氮的过程。习惯上碳氮共渗又称为氰化。中温气体碳氮共渗和低温气体碳氮共渗（即气体软氮化）应用较为广泛。中温气体碳氮共渗的主要目的是提高钢的硬度、耐磨性和疲劳强度；低温气体碳氮共渗以渗氮为主，其主要目的是提高钢的耐磨性和抗咬合性。

（一）中温气体碳氮共渗

中温气体碳氮共渗与渗碳相比，在工艺操作上具有下述优点：由于共渗温度较低（700～800℃范围），共渗后一般都可以直接淬火；变形小；若处理温度相同，共渗速度将高于渗碳速度。气体碳氮共渗容易实现机械化自动化。一般气体渗碳设备稍加改装和添置供氨系统，便可用于共渗处理。因此，尽管碳氮共渗在工业上的应用比渗碳晚得多，但发展却十分迅速。

中温气体碳氮共渗所用的共渗剂，目前有以下几种：

（1）煤油＋氨气；（2）煤气＋氨气；（3）甲醇＋丙烷＋氨；（4）三乙醇胺或三乙醇胺＋20％尿素。

在碳氮共渗时，除了单独进行前述几种基本的气相反应对钢起渗碳、氮化作用外，还同时进行由 NH_3 与 CO、CH_4 相互作用的以下气相反应对钢起碳氮共渗作用：

$$NH_3 + CO \rightarrow HCN + H_xO$$

$$NH_3 + CH_4 \rightarrow HCN + 3H_x$$

$$2HCN \rightarrow 3H_x + 2[C] + 2[N]$$

中温气体碳氮共渗温度对渗层的碳、氮含量和厚度的影响很大。温度越高，渗层的碳量越多而氮量越少，渗层的厚度越大，而且碳的渗入厚度比氮为大。降低共渗温度有利于减小零件变形，但温度低，渗速慢，渗层薄，在渗层表面还易于形成脆性的高氮化合物，心部组织淬火后硬度较低，使零件性能变差。

生产中采用的共渗温度一般均在 820～880℃范围内，如碳钢及低合金钢大多在 840～860℃内共渗，使晶粒不致长大，变形较小，渗速中等，并可直接淬火。对那些尺寸小、形状复杂、变形要求很小的耐磨零件，如缝纫机及仪表零件，则往往采取较低温度的中温碳氮共渗工艺，常用温度为 700～780℃。

碳氮共渗时间，取决于渗层厚度，共渗温度以及所用的共渗介质。10 号钢、20 号钢、20Cr、20CrMnTi 等结构钢，采用 850℃碳氮共渗时，共渗时间与渗层厚度的关系见表 4－12 所示。

表 4－12　　　　　　　　850℃碳氮共渗时间与渗层厚度的关系

（介质为 70%～80%渗碳气＋20%～30%氨气）

共渗时间/h	1～1.5	2～3	4～5	7～9
渗层/mm	0.2～0.3	0.4～0.5	0.6～0.7	0.8～1.0

碳氮共渗层中的碳氮含量，应当根据零件的工作条件控制在一定的范围内。例如，为保证 40Cr、20CrMnTi 钢制齿轮的综合强度，渗层表面含碳量应在 0.65%～0.90%范围内，而表面碳、氮总量在 1.30%～1.60%范围。

中温气体碳氮共渗的零件经淬火＋低温回火热处理后，共渗层表面层组织由细片状回火马氏体、适量的粒状碳氮化合物以及少量的残余奥氏体所组成。

在渗层表面含碳量相同的情况下，共渗层的耐磨性能高于渗碳层，而且共渗层的疲劳强度亦往往比渗碳层高。例如载重汽车变速箱内齿轮经用碳氮共渗处理后，有可能使其接触疲劳性能得到提高，其效果不比渗碳差。

综上所述，中温气体碳氮共渗与渗碳比较有很多优点，不仅加热温度低，零件变形小，生产周期短，而且渗层具有较高的耐磨性、疲劳强度、抗压强度以及兼有一定的抗腐蚀能力。因此，目前国内经常采用中温碳氮共渗工艺，有时甚至代替渗碳处理，代替有毒的液体氰化。但应当指出，中温碳氮共渗与渗碳相比，也有不足之处，例如中温碳氮共渗处理后的工件表层经常出现孔洞和黑色组织，中温碳氮共渗的气氛较难控制，容易造成工件氢脆等。

（二）低温气体碳氮共渗（气体软氮化）

目前，在生产中应用的气体软氮化就是低温气体碳氮共渗。它是一种新的化学热处理工艺。它的共渗介质常用的是尿素。处理温度一般不超过570℃，处理时间很短，仅1～3h，与一般气体氮化相比，处理时间缩短。软氮化处理后，零件变形很小，处理前后零件精度没有显著变化，还能赋予零件耐磨、耐疲劳、抗咬合和抗擦伤等性能。与一般气体氮化相比，软氮化还有一个突出优点：软氮化表层硬而具有一定韧性，不容易发生剥落现象。

气体软氮化处理不受钢种限制，它适用于碳素钢、合金钢、铸铁以及粉末冶金材料等。现在普遍用于对模具、量具以及耐磨零件进行处理，效果良好。例如3Cr2W8压铸模经软氮化处理后，可提高使用寿命3～5倍；高速钢刀具经软氮化处理后，一般能提高使用寿命20%～200%。

气体软氮化也有缺点：如它的氮化表层中的铁氮化合物层厚度比较薄，仅0.01～0.02mm；其热分解气体中具有一定毒性。目前正在开展试验研究，以求更好地解决软氮化渗层厚度和有毒性等问题。

第五章 金相组织分析实验

第一节 铁碳合金平衡组织的显微分析实验

一、实 验 目 的

（1）熟悉室温下碳钢与白口铸铁平衡状态下的显微组织，明确成分－组织之间的关系。

（2）观察零件在预先热处理状态下的金相组织。

（3）进一步熟悉金相显微镜的操作。

二、实 验 原 理

铁碳合金是工业上常用的金属材料，$Fe-Fe_3C$ 状态图是分析与研究碳钢与白口铸铁的重要工具，所谓碳钢是指含碳量小于 2.11% 的铁碳合金；含碳量大于 2.11% 的铁碳合金（其中碳全部或绝大部分以渗碳体形式存在）称为白口铸铁。

碳钢与白口铸铁在室温下，其平衡状态下组织中的基本组成相均为铁素体与渗碳体。

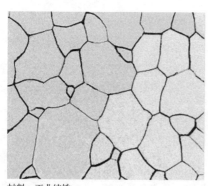

材料：工业纯铁
状态：退火
浸蚀剂：4%硝酸酒精溶液
放大倍数：500倍

图 5 - 1 工业纯铁的显微组织

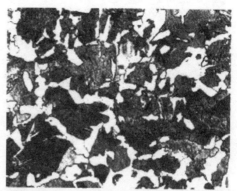

材料：45钢
状态：退火
浸蚀剂：4%硝酸酒精溶液
放大倍数：500×
金相组织：铁素体+珠光体

图 5 - 2 45 钢的显微组织

但是由于碳含量及处理不同，它们的数量、分布及形态有很大不同，因此在金相显微镜下观察不同铁碳合金，其显微组织也就有很大差异。

（一）工业纯铁的显微组织（退火态）

含碳量小于0.02%的铁碳合金称为工业纯铁。碳含量小于0.006%的工业纯铁的显微组织为单相铁素铁；碳含量大于0.006%的工业纯铁的显微组织为铁素体和极少量的三次渗碳体。其显微组织如图5-1所示。其中白色的不规则多边形为铁素体晶粒，黑色的条纹为晶界，三次渗碳体在铁素体晶界上呈条状或短杆状（是由铁素体中析出的）。

（二）碳钢的显微组织（退火态）

根据含碳量的不同，碳钢可以分为亚共析钢、共析钢、和过共析钢三类，其显微组织的特征如下。

1. 共析钢的显微组织特征

含碳量为0.77%的铁碳合金称为共析钢；其显微组织为片状渗碳体分布于铁素体基体上的机械混合物——珠光体；铁素体与渗碳体的质量比约为7.3∶1，所以渗碳体片较薄。共析钢平衡状态下的珠光体基体上分布着层片状的渗碳体，而铁素体具有负电位，渗碳体为正电位，因而在正常浸蚀条件下，铁素体被腐蚀而凹下，渗碳体却未腐蚀。因此在高倍金相显微镜下观察到渗碳体四周有一圈暗线，显示出两相存在。

2. 亚共析钢的显微组织特征

碳含量小于0.77%的铁碳合金称为亚共析钢，根据 $Fe - Fe_3C$ 状态图可知，其组织是先共析铁素体和珠光体。用4%硝硝酸酒精溶液浸蚀后，在放大倍数不大的金相显微镜下观察，先共析铁素体呈白亮色，珠光体呈黑色。如图5-2所示，不同含碳量的显微组织，随着含碳量的增加，铁素体逐渐减少，珠光体不断增多。可以根据铁素体和珠光体的比例估算出钢的碳含量。

3. 过共析钢的显微组织特征

碳含量在0.77%～2.11%的铁碳合金称为过共析钢，大多数的工具钢和模具用钢都为过共析钢。

根据铁碳合金图可知，过共析钢的组织为先共析渗碳体（也称二次渗碳体）和珠光体。碳含量大于0.77%的奥氏体在缓冷时，从中析出的渗碳体分布于奥氏体的晶界上，以后奥氏体共析转变为珠光体。所以二次渗碳体是以网状的形式分布于珠光体周围，随着碳含量的增加，二次渗碳体的网络状逐渐完整并加厚。图

5-4 所示为含碳量 1.2% 的碳素工具钢，用 4% 硝酸酒精溶液浸蚀后的显微组织。

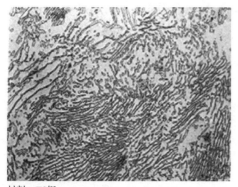

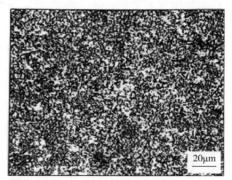

材料：T8钢
状态：退火
浸蚀剂：4%硝酸酒精溶液
金相组织：片状珠光体

图 5-3　共析钢的显微组织

材料：T12钢
状态：退火
浸蚀剂：4%硝酸酒精溶液
放大倍数：500×

图 5-4　过共析钢的显微组织

（三）白口铸铁的显微组织特征

由于这种铸铁中只含渗碳体相，不含石墨，故断口呈白亮色。

1. 共晶白口铸铁

碳含量为 4.3% 的铁碳合金称为共晶白口铸铁。室温下其组织为珠光体和渗碳体的机械混合物——莱氏体。

图 5-5 所示为共晶白口铸铁用 4% 的硝酸酒精溶液浸蚀后的显微组织，其白亮的基体为渗碳体，暗黑色的细小颗粒或条状为珠光体。

2. 亚共晶白口铸铁

碳含量为 2.11% ～4.3% 的铁碳合金称为

状态：铸造
浸蚀剂：4%硝酸酒精溶液
放大倍数：200×

图 5-5　共晶白口铸铁的显微组织

亚共晶白口铸铁，该成分的液态合金在冷却过程中先结晶奥氏体（呈树枝状特征），然后发生共晶转变形成莱氏体（由奥氏体和渗碳体组成）。因此结晶完成后的组织为奥氏体和渗碳体。在继续冷却过程中奥氏体不断析出二次渗碳体（包围在奥氏体周围成网状），然后奥氏体发生共析转变形成珠光体；而莱氏体中的奥氏体也要析出二次渗碳体（它和共晶渗碳体混在一起，不易分辨），奥氏体在一定温度发生共析转变面形成珠光体，帮这时莱氏体是珠光体和渗碳体所组成。在室温下亚共晶白口铸铁的组织由珠光体和二次渗碳体与莱氏体所组成。图 5-6 所示为 4%硝酸酒精溶液浸蚀后的亚共晶白口铸铁的显微组织。图中黯黑色呈树枝状分布的部分珠光体；珠光体外部呈魄网状分布的二次渗碳体；白色基体上分布着细黯黑颗粒或条状的部分为莱氏体。

3. 过共晶白口铸铁

碳含量为 4.30% ~6.69%的铁碳合金称为过共晶白口铸铁。图 5-7 所示为用 4%硝酸酒精溶液浸蚀后的过共晶白口铸铁的显微组织，图中白色长条状为一次渗碳体（由液态合金中结晶出来的），图中白色基体与黯黑颗粒的混合物为莱氏体。

材料：亚共晶白口铸铁
状态：铸造
浸蚀剂：4%硝酸酒精溶液
放大倍数：200×
金相组织：莱氏体+树枝状珠光体、二次渗碳体

图 5-6　亚共晶白口铸铁的显微组织

材料：过共晶白口铸铁
状态：铸造
浸蚀剂：4%硝酸酒精溶液
放大倍数：200×
金相组织：莱氏体+一次渗碳体

图 5-7　过共晶白口铸铁的显微组织

三、实验装置与材料

（1）金相显微镜、砂轮机、抛光机、热风机。

（2）实验任务书所要求的零件材料。

（3）水磨砂纸。

四、实　验　步　骤

（1）按照任务书所要求的零件性能，对零件进行预先热处理。

（2）处理后的零件进行硬度测量，记录数据。

（3）按照第二章金相显微试样制作的方法，对材料的表面进行粗磨、细磨、抛光、浸蚀等操作步骤。

（4）使用金相显微竟观察所做试样的金相组织，并进行分析。

（5）确认金相组织后，使用照相机，拍摄一张清晰的平衡状态下的金相组织图片。

第二节　钢经热处理后不平衡组织的显微分析实验

一、实 验 目 的

（1）观察碳钢经不同热处理后的显微组织，深入理解热处理工艺对钢组织与性能的影响。

（2）熟练掌握任务书所要求的热处理工艺的操作步骤，具体的工艺操作指导请参照第四章所述的内容。对于零件不同工艺处理后，它的金相组织的变化进行观察。

（3）进一步掌握金相显微试样的制备方法。

（4）熟悉碳钢的几种典型不平衡组织的形态与特征。

二、实验步骤与原理

根据任务书的要求，为达到要求的工件性能，需要对工件进行淬火、回火、渗碳等工艺的操作。工艺实行后，它的组织形态也完全不一样，不同的处理工艺，零件的组织形态不同。

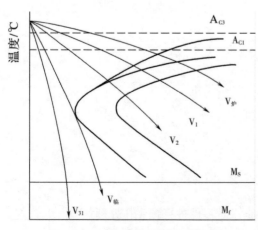

图 5 – 8　45 钢不同冷却速度示意图

碳钢经退火与正火后的显微组织基本上与铁碳状态图上的组织相符合，碳钢经加热后，继之以较快速度冷却后的显微组织不仅要用铁碳状态图来分析，更重要的是要根据 C 曲线（钢的过冷奥氏体等温转变曲线）进行分析，如图 5 – 8 所示。45 钢在不同的冷却速度下，所获得的组织不同。经 860℃加热后，用不同冷却速度冷却后的组织。V_1相当于空冷，获得的组织为铁素体和索氏体，V_2 相当于油冷，获得的组织为屈氏体和极少数铁素全，V_3 相当于水冷（即大于临界冷却速度），获得的组织为淬火马氏体（板条和片状马氏体混合物）和极少量残余奥氏体。

（一）碳钢热处理后基本组织的金相特征

1. 碳钢退火的组织

碳钢经退火后的组织是接近平衡状态下的组织，但过共析钢经球化退火后获得球化体组织（F + 颗粒状 Fe_3C），即二次渗碳体和珠光体中的渗碳体都将呈颗粒状，图 5 – 9 所示为 T10 钢经球化退火后，用 4% 硝酸酒精溶液浸蚀后的显

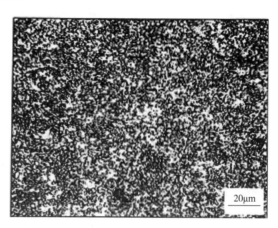

20μm

图 5 – 9　T10 钢球化退火后的显微组织 – 球化体

微组织。图中白色基本为铁素体，白色的颗粒为渗碳体，渗碳体外面黑色的线为铁素体和渗碳体的相界线（被浸蚀呈黑色）。

2. 索氏体（S）与屈氏体（T）的显微组织

索氏体和屈氏体都是铁素体与片状渗碳体的机械混合物，不同的是它们的层片间距比珠光体小，屈氏体中层片间距又比索氏体小，故其硬度关系是屈氏体 > 索氏体 > 珠光体。马氏体是碳（也可以是其他合金元素）在体心立方体中的过饱和固溶体，因此它的硬度比前几种组织都高，而且随着过饱和程度的增加，其硬度也增高。所以经正常加热并大于临界速度冷却后，马氏体的硬度取决于碳含量，马氏体的含碳量和加热时奥氏体的含碳量基本相同。

在冷却速度相同的情况下，相同碳含量的合金钢比碳钢的的硬度大。这是由于合金元素使 C 曲线右移的结果，有些高合金钢甚至在空气中冷却，就能获得淬火马氏体组织。

屈氏体的层片比索氏体更细密，在一般的金相显微镜下也无法分辨，只有在电子显微镜下才能分辨其中的层片。

3. 贝氏体（B）的组织形态

贝氏体是钢在 550℃ ~ MS 温度范围内等温冷却的转变产物。贝氏体是微过饱和铁素体和渗碳体的两相混合物。根据等温温度和组织形态不同，贝氏体主要

有上贝氏体和下贝氏体两种。

（1）上贝氏体

上贝氏体是钢在 550～350℃温度范围内过冷奥氏体的等温转变的产物。它是由平行排列的条状铁素体和条间断续分布的渗碳体组成。当转变量不多市，在金相显微下成束或片状的铁素体条，具有羽毛状特征。

（2）下贝氏体

下贝氏体是钢在 350℃～MS 温度范围过冷奥氏体等温转变的产物，他是在微饱和铁素体内弥散分布着短杆渗碳体的两相混合物。

4. 淬火马氏体

淬火马氏体的组织形态，根据马氏体中含碳量的不同有板条状马氏体和针（或片）状马氏体两种。图 5-10 所示是 20 钢经过加热水淬后，用 4% 硝酸酒精溶液浸蚀后的板条状马氏体的显微组织，其组织形态是尺寸较小的马氏体条平行排列成马氏体束，每束马氏体的平面形状像板状，故称板条状马氏体。

材料：20钢
状态：淬火
浸蚀剂：4%硝酸酒精溶液
放大倍数：500×
金相组织：板条状马氏体组织

图 5-10　板条状马氏体组织

材料：20钢
状态：渗碳+淬火回火
浸蚀剂：4%硝酸酒精溶液
放大倍数：500×
金相组织：过渡层：回火马氏体（针状、板条）+铁素体
基体：回火马氏体（板条）+铁素体

图 5-11　回火马氏体组织

5. 回火马氏体

钢的淬火马氏体组织主要是淬火马氏体（常有少量残余奥氏体，过共析钢还有颗粒状渗碳体）。其中淬火马氏体和残余奥氏体为不稳定组织，随着回火加热温度的升高，原子的活动能力增大，促使这些组织发生转变。根据加热温度的

不同，分别可获得回火马氏体、回火屈氏体和回火索氏体。如图 5－11 所示是 20 钢经过渗碳＋淬火回火后的组织，从左往右分别是过渡层和基本层，过渡层以针状和板条状的回火马氏体、铁素体组织为主，基体组织是板条状的回火马氏体、铁素体。

淬火马氏体是含碳微过饱和的 α 固溶体和与其保持着共格关系的 ε 碳化物所组成。

（二）低碳钢渗碳缓冷后的组织

有些零件（如某种齿轮）要求表面硬度与耐磨性，而心部有良好的韧度。则必须用低碳钢或低合金钢首先渗碳处理，提高表面的碳含量，然而通过淬火和低温回火，使零件表面具有高的硬度，而信步由于含碳量低保持良好的韧度。

图 5－12 所示为 20 钢经渗碳处理后，用 4％硝酸酒精溶液浸蚀后的显微组织。左边为渗碳的表层，由图看出，它是过共析钢平衡状态的组织（珠光体和二次网状渗碳体）；向里为共析钢组织（珠光体）；继续向里为亚共析钢组织（珠光体和铁素体）；越往里则铁素体含量越是增多，珠光体含量减少，直到 20 钢的平衡组织（其中珠光体约占 1/4）。

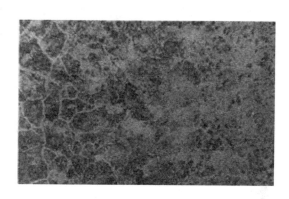

图 5－12　20 钢渗碳缓冷后的显微组织

三、实验设备和材料

（1）金相抛光机。

（2）金相显微镜。

（3）带照相功能的金相显微镜。

（4）金相制样所需的砂轮机、水磨砂纸、抛光剂等。

四、实 验 步 骤

（1）根据任务书完成淬火、回火、渗碳等工艺。

（2）检测工件的机械性能。

（3）选择一个面作为试样的金相观察面，对金相试样进行样品制备。

（4）分析零件的金相组织，并选择一区域使用带摄像功能的金相显微镜进行拍照。

第六章　机械工程材料综合实验

第一节　实验的开展办法

机械工程材料综合实验是一门单独的实验课，要求学生独立完成实验任务的制订，实验方案的执行，实验结果的检验等一系列内容。实验时间分散，内容环环相扣，要求同学认真完成实验的每一个步骤，实验过程中，记录实验的每一个参数，并对实验过程中出现的问题进行阶段总结与分析，查找问题出现的原因，将所分析的问题和答案写入最终的实验报告。

实验课的内容是依据实验任务书，独立设计实验方案，根据所制订方案的不同而采取不同的加工工艺，每位同学必须完成方案里所规定的所有实验内容和步骤。同时，保证工程的质量，严格检查实验结果，对于实验结果不符合要求的，需要重新做实验，并查找不符合要求的产生原因，予以纠正，直至实验结果符合要求为止。将实验过程结果记录在实验报告书上。机械工程材料综合实验采用如图 6 - 1 所示的步骤流程图，不同的任务书，它的步骤先后有区别。

第二节　实验报告的撰写

机械工程材料综合实验报告是记录实验的结果、实验过程、实验内容、实验数据等一系列实验数据的反馈的书面报告，要求严谨，经得起推敲，它也是这门课程的成绩考核的重要组织部分。要求学生必须严格按照实验的要求，撰写实验报告，综合实验报告按照统一的格式撰写，要求只能用手写。

综合实验报告采用统一的格式，并按如下大纲撰写：

（一）设计任务书

（二）设计具体零件工作条件，受力分析，从中提出具体零件的性能和金相组织要求。从多种可供选择的材料中选取一种较合适的材料，要重点分析各种不同材料中含碳量、各合金元素含量的要求和作用，其中选材的主要原则是：

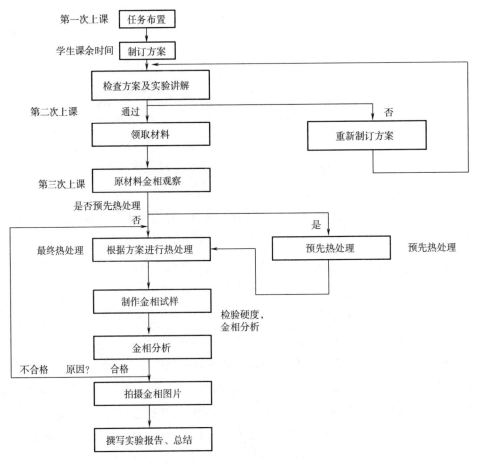

图 6-1　机械工程材料综合实验步骤参考

1）通过热处理，零件可以达到使用性能的要求。

2）材料加工性能比较好（冷、热加工）。

3）有较好的经济性，来源广泛。

（三）对选用材料制定合理工艺路线并实施

1）分析、测定给定原材料的硬度（HRC、HRA、HB 等）、金相组织（画出示意图），估计原材料是经何种热处理。

2）选择何种预先热处理，说明为什么要选择该种预先热处理，进行工艺分析，测定经预先热处理后的性能（硬度）和金相组织（画示意图）。

3）制订淬火、回火工艺（包括加热方法、温度、保温时间、冷却方式等），说明为什么要选择该种热处理工艺，进行工艺分析；选择何种加热设备，说明为什么要选择这种加热设备，如何操作；测定热处理后硬度、金相组织，写出工艺和操作要点，对热处理过程中出现的问题（如氧化、脱碳、变形、开裂、硬度偏高或偏低、均匀程度等）进行分析，最后对该设计进行综合分析。

4）进行表面处理或化学热处理，选择哪种加热设备，分析表面处理或化学热处理的原理，制订工艺并说明如何实施该工艺；对试件测定表面硬度（HV或HRC），测量出硬化层（或渗层）厚度、基本硬度、金相组织、分析经表面处理或化学热处理试件的质量。

5）叙述金相照片制作过程，如何得到一张合格的金相照片。

6）附上金相照片、标注材料、热处理工艺、渗层金相组织、厚度、基本组织、腐蚀剂、放大倍数等。

（四）心得体会

分析实验过程出现的各种困难，在过程中学习掌握了哪些实用技能和专业知识。

（五）参考文献、资料

注明实验报告书中所引用的概念、理论、公式出处。

第三节　典型实验1——轴承钢的热处理综合实验

实验任务：滚动轴承的材料综合实验。

一、常用滚动轴承的工作状况及性能分析

1）滚动轴承（图6-2）是将运动偶件的滑动变为滚动而减小摩擦力的支承件。工作时承受很大的点接触应力。

2）损坏形式：工作面磨损或接触疲劳；套圈开裂。

3）使用要求：高的硬度和耐磨性，组织和硬度均匀，抗冲击能力好。尺寸稳定性好，有一定的抗腐蚀能力。要求零件的最终硬度为HRC60-65。

图6-2　滚动轴承

二、滚动轴承用钢及技术要求

1）滚动轴承主要发生接触疲劳破坏和摩擦磨损两种形式的破坏，轴承钢中加入合金元素 Cr，主要有三方面的作用：Cr 可提高钢的淬透性；含 Cr 的合金渗碳体在淬火加热时较稳定，可减少过热倾向，细化热处理后的组织；碳化物能以细小质点均匀分布于钢中，提高钢的耐磨性和接触疲劳强度。通常要控制轴承钢的两种冶金缺陷：非金属夹杂物要低于 5%；碳化物分布的不均匀性。

2）高碳铬轴承钢的基本钢号有 GCr6 、GCr9、GCr9SiMn、GCr15、GCr15SiMn，GCr15 是我国轴承制造工业中用途最广、用量最大的钢种，具备良好的耐磨性能和接触疲劳性能，有较理想的加工性能，具备一定的弹性和韧性。

3）GCr15 钢的常用热处理工艺是球化退火处理和淬火加低温回火处理。球化退火可改善切削加工性，为预备热处理。不完全淬火：淬火温度 840℃，淬火组织为隐晶马氏体。低温回火的回火温度 160 ℃。为了发挥轴承钢的性能潜力，应从五个方面考虑：淬火时的组织转变特性；马氏体中碳浓度对性能的影响；碳化物的影响；残余应力的影响；短时快速加热淬火。

三、材料成型及预先热处理工艺制定

1. 加工工艺路线

备料→锻造→球化退火→机械加工→淬火、低温回火→检验、磨削加工。

2. 预先热处理

球化退火。球化退火的目的：

（1）获得均匀分布的细粒状珠光体，为淬火提供最佳的组织准备，细粒状珠光体，最利于淬火时得到理想的马氏体加均匀分布的碳化物和少量残留奥氏体组织，只有这样的淬火组织才能使轴承零件的耐磨性、抗疲劳性最好，并兼有好的弹性、韧性，才能满足轴承的最基本性能要求；

（2）降低硬度，改善切削加工性能（GCr15，179 ~ 207HB；GCr15SiMn，179 ~ 217HB）；

（3）提高塑性，利于冷冲压加工。

球化退火的工艺曲线如图 6 – 3 所示。

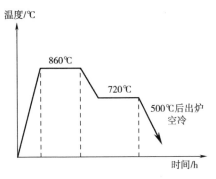

图 6 - 3　球化退火的工艺曲线

3. 实验操作步骤

球化退火是预先热处理的一种，在工厂里，球化化退火可以在具有保护气氛的加热炉里，将工作进行球化处理。本实验环节受制于实验设备，将试样使用木炭保护的方法，放入箱式电阻炉进行加热保温，并按工艺曲线进行处理。

实验设备：箱式电阻炉、试样盒、木炭，坩埚钳、手套等。

操作步骤：①将小部分木炭放入圆柱形的试样罐，如图 6 - 4 所示。

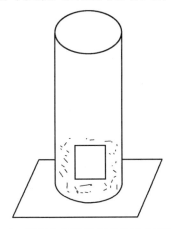

图 6 - 4　使用木炭保护的球化退火装炉方法

②试样放入刚才所铺的木炭上，一个试样罐通常可以放入三个试样。

③试样罐口最后使用耐火泥进行封口。

④装好的试样放入已经加热到指定温度的箱式电阻炉中，注意：必须在关闭加热电源的情况下装炉。

4. 退火缺陷及其对策

①脱碳。产生原因有：密封性差；温度过高或保温时间过长。措施有：加强对原材料和锻件脱碳控制；防止失控超温；提高炉子密封性。

②欠热。产生原因有：加热温度低；原始组织不均匀；装炉量过多；冷却速度偏低。措施有：改善炉温均匀性；减少装炉量；控制加热温度和冷却速度。

③过热。产生原因有：加热温度过高或在上限温度保温时间长；原材料组织不均匀；装炉量过多致炉温均匀性差。措施有：合理制定工艺，严格执行工艺；改善炉温均匀性；装炉量合理。

④粗大颗粒碳化物。产生原因有：组织有严重碳化物网，退火时无法消除；退火温度过高。措施有：严格控制锻造组织；防止退火失控超温和冷却太慢。

四、最终热处理

（一）淬火

1. 淬火目的

提高轴承零件的硬度、强度、耐磨性和疲劳强度，并通过回火获得较高的尺寸稳定性和综合机械性能。淬火后显微组织由隐晶马氏体和细小结晶马氏体、细小而均匀分布的残留碳化物以及残留奥氏体组成。这些组织的相对量及分布将决定钢的性能。

（1）马氏体。马氏体是铬轴承钢淬、回火后的最基本组织。其性能决定于马氏体中碳和合金元素的含量以及马氏体的形态和粗细程度。回火马氏体含碳量在0.45%的轴承寿命最高（含碳量大于0.5%易变脆，含碳量小于0.4%则疲劳寿命降低）。马氏体中含铬量为0.8%～1.0%，含锰量为0.3%左右性能最佳。细小马氏体数量占80%左右综合性能最好。

（2）残留碳化物。一般认为，应控制在6%左右为宜。残留碳化物颗粒越细小（平均直径为0.56mm），分布越均匀，轴承的使用寿命越高。

（3）残余奥氏体。铬轴承钢淬、回火组织中的残余奥氏体是不稳定组织，它使轴承在长期使用过程中尺寸发生变化而降低精度。残余奥氏体强度、硬度降低，但具有较高的冲击韧性，且适量的残余奥氏体能提高轴承耐磨性和疲劳寿命。由于马氏体转变不可能完全，淬火、回火后也不能使残余奥氏体全部转变。为此，钢中必定会保留一定量（大约10%）的残余奥氏体。

2. 淬火工艺参数

温度：含碳量为0.95%～1.05%过共析钢淬火温度 Ac_1 +（30～50℃），工件形状较简单的，采用到温入炉方式加热，温度为850℃。

加热保温时间的确定：保温时间是工件到达淬火加热温度后，延续加热时间，使表面和中心达到均匀一致。保温时间的确定需考虑：

（1）淬火加热温度高，保温时间应缩短。

（2）原始组织中碳化物颗粒粗，保温时间应加长，碳化物颗粒越细小越弥散，保温时间越短。

（3）加工壁厚与装炉量的关系，厚度大、零件摆放过密、装炉量大，需要的保温时间长。

（4）加热介质，在真空炉中加热比在空气炉中（可控气氛）加热保温时间长；在空气炉中又比在盐炉中加热保温时间长。

（5）零件形状，形状复杂的零件，由于淬火加热温度低，因此保温时间也应适当的延长。

（6）冷却介质，采用水冷的零件保温时间短；油冷零件保温时间长。

淬火冷却介质及冷却方法：为适应大批量生产以及操作方便，采用单介质，即普通淬火油直接淬火。根据材料的淬火工艺制订如图 6-5 的淬火工艺曲线图。

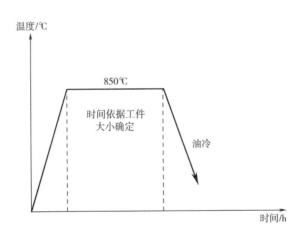

图 6-5　淬火工艺曲线图

3. 淬火常见缺陷

（1）变形

淬火过程中，快冷使零件内部产生内应力，是导致变形、开裂的根本原因。轴承套圈淬火引起的变形和尺寸胀缩，都是由于热应力与组织应力综合作用产生的。影响套圈胀缩的原因主要取决于淬火组织中各相成分的含量。残余奥氏体含量越多，马氏体数量越少，体积变化越少。另外套圈壁厚、淬火介质、冷却方式等对套圈的胀缩都有影响。套圈变形主要有径向不均匀变形（圆度超差）和轴向不均匀变形（平面度超差）两种。产生原因是套圈各部位到达 Ms 点（为马氏体转变的起始温度，是奥氏体和马氏体两相自由能之差达到相变所需的最小驱动力时的温度）时间差，引起马氏体转变不等时性，造成不一致的组织应力所致。此外炉温不均匀、装炉方式不当、冷却速度不一致，操作时相互碰撞，均会增加变形。

（2）淬火裂纹

零件淬火时产生的裂纹，大部分是在马氏体转变时，由于组织应力作用在零件表面的拉应力超过了该温度下材料的断裂强队而引起的。常见的淬火裂纹有：淬火过热形成的裂纹；冷却速度过大产生的裂纹；原始应力过大产生的裂纹；应力集中产生的裂纹；材料缺陷引起的裂纹。

（二）回火（图6-6）

1. 回火的目的

消除内应力，稳定组织和尺寸，提高零件的综合机械性能。回火是热处理淬火后必不可少的工序，是决定轴承零件内在质量的关键工序。

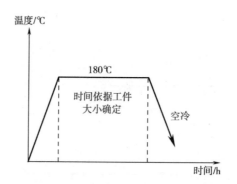

图6-6　回火工艺曲线图

2. 工艺参数

回火温度应比轴承工作温度高 30~50℃。通常 120℃ 以下工作的轴承，采用 150~180℃ 回火。

3. 保温时间的选择

通常按零件大小和精度等级以及回火加热介质确定保温时间，在空气电炉回火，一般轴承零件保温 2.5~3.0h，大型轴承零件为 6~12h。

4. 装炉方式

到温入炉。

5. 回火冷却方式

空冷。

五、铬轴承钢的金相样品制备及金相分析

金相组织是试样在显微镜下的组织形态，不同的工艺处理后的金相组织的组织也不同。为分析零件在不同阶段的金相组织，要求对每一个阶段的试样进行分析。在分析试样之前需对试样进行制样，金相样品制备的流程如图6-7所示。

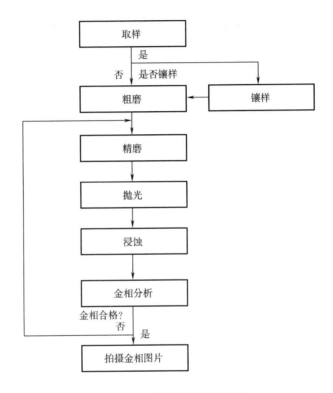

图6-7　金相试样制作过程

金相样品制备实验步骤参考第二章所述的内容。

铬轴承钢锻造后空冷的正火态组织一般是网状渗碳体加片状珠光体，必须进行球化退火。球化退火后的组织是铁素体基体上均匀分布着颗粒状碳化物和粒状珠光体。在显微镜放大500倍观察，如图6-8所示。

铬轴承钢淬火低温回火态组织应是马氏体加颗粒状碳化物加残余奥氏体（如图6-9）。

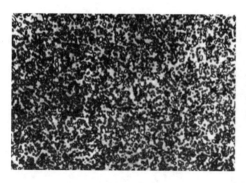 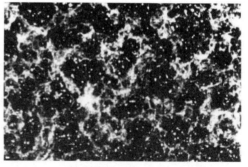

图 6-8　GCr15 钢球化退火组织（500×）　　图 6-9　GCr15 钢淬火低温回火组织（500×）

六、零件的力学性能检验

经过最终热处理的零件，其金相组织为回火马氏体、颗粒状碳化物和残余奥氏体，在分析金相组织前需要使用洛氏硬度计对试样的硬度进行检测。如果达到当初实验方案所设计的零件性能要求，则说明本次综合实验的实验过程是成功的，如果其机械性能不能满足方案所设计的目标，说明实验的某一过程出现了问题，需要再查找原因，重新对各个实验环节进行检查，查找出问题后，再进行重新操作，直到达到当初的设计的要求，并总结实验出问题原因，写入实验报告。

七、综合性的实验报告撰写

实验报告是实验环节的总结及相关数据分析，机械工程材料实验涉及的内容很广，每一个实验任务需要用到不同的知识，在自主实验的过程中，一定会有很多的参考资料，以及相关的技术参考文档，需要将实验的过程详细叙述。

实验通常不能一次成功，需要不断地进行重新试验，此时，对不成功的实验环节，总结其原因，学习更多的缺陷预防知识，也是机械工程材料实验的目的。遇到问题、分析问题、解决问题，将问题撰写成技术文档，是工科学生必须掌握的技能。

第四节　典型实验 2——调质钢的热处理综合实验

调质钢通常是指采用调质处理（淬火加高温回火）的中碳优质碳素结构钢和合金结构钢，如 35、45、50、40Cr、35CrMo、42CrMo、3Cr2Mo、40MnB、

30CrMnSi、38CrMoAlA、40CrNiMoA 和 40CrMnMo 等。

调质钢主要用于制造在动态载荷或各种复合应力下工作的零件（如机器中传动轴、连杆、齿轮等）。这类零件要求钢材具有较高的综合力学性能。

一、方案的制定

调质钢主要运用于轴、连杆、齿轮等零件，根据每个零件使用工况的不同，需要明确该零件的最终力学性能是什么，例如：轴的最终要求为表面硬度 60HRC 以上，心部硬度 HRC25～27 根据此要求，制订热处理的工艺路线。

1. 预先热处理

为了消除和改善前道工序（铸、锻、轧、拔）遗存的组织缺陷和内应力，并为后道工序（淬火、切削、拉拔）做好组织和性能上准备而进行退火或正火工序就是预先热处理。

调质钢在切削加工前进行的预先热处理，珠光体钢可在 Ac_3 以上进行一次正火或退火；合金元素含量高的马氏体钢则先在 Ac_3 以上进行一次空冷淬火，然后再在 Ac_1 以下进行高温回火，使其形成回火索氏体。

2. 最终热处理

调质钢一般加热温度在 Ac_3 以上 30～50℃，保温淬火得到马氏体组织。淬火后应进行高温回火获得回火索氏体。回火温度根据调质件的性能要求，一般取 500～600℃之间，具体范围视钢的化学成分和零件的技术条件而定。因为合金元素的加入会减缓马氏体的分解、碳化物的析出和聚集以及残余奥氏体的转变等过程，合金调质钢的回火温度比碳素钢要高。

3. 表面淬火处理

对于同时要求表面耐磨的零件或零件的某些部位，常进行表面淬火处理。一般选用感应加热淬火处理。

二、热处理工艺的实施

在实验室中，使用不同的加热工具对零件进行加热、冷却处理，注意加热时零件的保护，冷却时的冷却速度，各个工艺实施前后，它的机械性是如何变化的，需要记录在册。此部分的具体操作方法可参照前面章节的叙述。

三、调质钢的金相组织

调质钢原材料大部分为热轧态，热轧后空冷组织为铁素体加珠光体。而含碳较高、合金元素含量较多的钢热轧后空冷的硬度较高，常采用高温回火或退火降低硬度。

调质钢预先热处理（退火或正火）后的组织都是铁素体加珠光体。

调质钢正常淬火组织为板条状马氏体和片状马氏体（图 6 – 10），当含碳量较低时，如 35CrMo 等，形态特征趋向于低碳马氏体。当含碳量较高时，如 60Si2、50CrV 等，形态特征趋向于片状马氏体。

如果工件尺寸过大而冷却速度不够，以致不能淬透，结果沿工件截面各部位将得到不同的组织，即从表层至中心依次出现马氏体、马氏体 + 托氏体、托氏体 + 铁素体等组织。甚至表层也不能得到全马氏体组织。

淬火后得到的板条状马氏体和片状马氏体。在随后的高温回火过程中，马氏体中析出碳化物，最终得到的是均匀且弥散分布的回火索氏体（图 6 – 11）。

图 6 – 10　45 钢淬火组织（500 ×）　　　图 6 – 11　45 钢调质处理组织（500 ×）

调质钢表面淬火低温回火后的组织，其表面为高硬度的回火马氏体，心部为强韧性好的回火索氏体。

★注：详细的方案制定方法可参照本章第二节。

第五节　典型实验 3——弹簧钢的热处理综合实验

弹簧钢是用于制造各种弹性元件的专用结构钢，它具有弹性极限高、足够的韧性、塑性和较高的疲劳强度。弹簧钢含碳量比调质钢高，其中碳素弹簧钢的含碳量约为 0.6% ~ 1.05%；合金弹簧钢的含碳量为 0.4% ~ 0.74%。弹簧钢中加入的合金元素主要为硅和锰，目的是提高淬透性。要求较高的弹簧钢，还需要加入铬、钒或钨等元素。

常用的弹簧钢有 65、65Mn、70Mn、60Si2Mn、50CrVA 等。

一、弹簧钢的热处理

1. 淬火加中温回火处理

用这种处理方法的多数为热轧材料以热成形方法制作的弹簧，或者用冷拉退火钢丝以冷卷成型的弹簧。中温回火后的组织为回火托氏体，为提高弹簧的疲劳强度，回火后采取油冷。此弹簧有很高的弹性极限与屈服强度，同时又有足够的韧性和塑性。

2. 低温去应力回火

应用这一处理方法的主要是一些用冷拉弹簧钢丝或油淬回火钢丝冷盘成形的弹簧。

60Si2Mn 是弹簧钢的代表，它是用来制造弹簧、板簧的重要材料。根据前几章叙述的理论知识，以及查找技术资料，它的淬火后的硬度可以达到 60HRC 采用中温回火后它的最终使用硬度是 45～50HRC，具有高的弹性极限，较高的强度和硬度，并有足够的塑性和韧性。

二、弹簧钢的金相组织

经过退火处理的热轧弹簧钢，其组织是珠光体或珠光体和网状铁素体。规格较大的冷拉弹簧一般经过球化退火处理，组织为粒状珠光体或粒状珠光体加少量片状球光体（图 6－12）。油淬火中温回火钢丝的组织为回火托氏体。图 6－13 为 60Si2Mn 钢油淬火中温回火钢丝的回火托氏体组织。

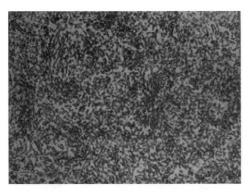

图 6－12　60Si2Mn 球化退火组织（500×）

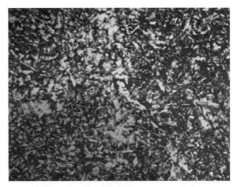

图 6－13　60Si2Mn 回火托氏体组织

三、实 验 步 骤

1. 方案制订

根据任务书制订实验的方案，于第二次课交由老师进行审批。根据老师的修改意见重新修改方案。

2. 预先热处理

零件在加工前需要对材料进行预先热处理，根据所选的材料，查找材料的正火或退火的加工工艺。

3. 材料平衡组织的观察

经过预先热处理后的材料需要对其内部组织进行以观察，以确保材料的组织均匀，机械性能达到加工的要求。在这一环节中，需要对材料的表面进行处理，具体操作步骤参考第二章所述的实验教程。

4. 材料的热处理

经加工成型后的零件它的性能并未达到使用的要求，需要对材料进一步热处理，在此环节中，需要参考第四章的内容，依据零件的使用工况和材料加工工艺并进行热处理加工。

5. 零件的力学性能检测

本环节是检验零件的使用性能是否达到要求的关键环节，需要认真测试，达到任务书的要求后，方能进行下一步的实验步骤。

6. 零件交付使用前的金相检验

参考第二章所述的内容，对零件最终热处理的后的材料组织成分进行分析。

7. 撰写实验报告。

8. 总结与交流。

第六节　典型实验4——工具钢的热处理综合实验

碳素工具钢是含碳量较高的钢，其碳含量在 0.7% ~ 1.3%，所以也称高碳钢。由于碳的含量较高，使淬火后钢中存在大量过剩碳化物，从而保证工具钢热处理后获得高的硬度和耐磨性，能广泛用于制造各种工具及模具。但碳素工具钢的淬透性差、红硬性差，只能制造尺寸小，形状简单、切削速度不高的工具，如手工锯条、锉刀、铰刀、丝锥、板牙、凿子及形状简单的冷加工冲头、拉丝模、切片模等。其牌号有 T7、T8、T9、T10、T11、T12、T13 等。

一、碳素工具钢的显微组织特点

原材料组织：原材料大多为锻造后退火状态，组织是片状珠光体和网状渗碳体所组成的过共析钢组织，如图 6-14 所示为了淬火、回火后获得马氏体和颗粒状渗碳体，必须进行预先热处理，消除网状渗碳体（正火）及使片状渗碳体趋于球化（球化退火）。

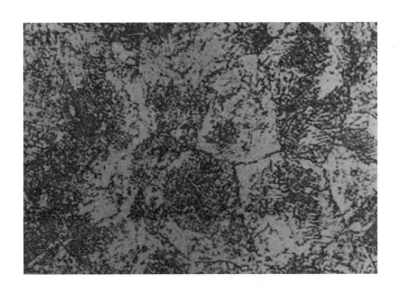

图 6-14　T12 钢锻后退火组织（500×）

球化退火后的组织为球状或球状与片状混合（球化不良）的珠光体（图 6-15），硬度为 187～217HB，便于切削加工，并为淬火做好组织准备。

碳素工具钢的正常淬火工艺是在 $Ac_1 + 30～50℃$ 加热保温后水冷或水淬油冷，得到细针状马氏体。在 160～200℃ 低温回火，回火组织应是颗粒碳化物加回火马氏体加残余奥氏体（图 6-16）。

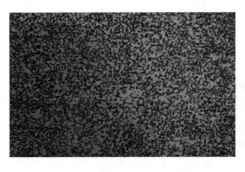 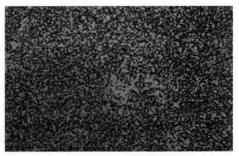

图 6 – 15　T10 钢球化退火组织（500 ×）　　图 6 – 16　T10 钢淬火低温回火组织（500 ×）

二、实 验 步 骤

1. 方案制订

根据任务书制订实验的方案，于第二次课交由老师进行审批。根据老师的修改意见重新修改方案。

2. 预先热处理

零件在加工前需要对材料进行预先热处理，根据所选的材料，查找材料的正火或退火的加工工艺。

3. 材料平衡组织的观察

经过预先热处理后的材料需要对其内部组织进行以观察，以确保材料的组织均匀，机械性能达到加工的要求。在这一环节中，需要对材料的表面进行处理，具体操作步骤参考第二章所述的实验教程。

4. 材料的热处理

经加工成型后的零件它的性能并未达到使用的要求，需要对材料进一步热处理，在此环节中，需要参考第四章的内容，依据零件的使用工况和材料加工工艺并进行热处理加工。

5. 零件的力学性能检测

本环节是检验零件的使用性能是否达到要求的关键环节，需要认真测试，达到任务书的要求后，方能进行下一步的实验步骤。

6. 零件交付使用前的金相检验

参考第二章所述的内容，对零件最终热处理后的材料组织成分进行分析。

7. 撰写实验报告。

8. 总结与交流。

★注：详细的方案制订方法可参照本章第二节。

第七节　典型实验5——模具钢的热处理及其金相组织

一、冷作模具钢

用做冷作模具的材料，要求高硬度、高强度和良好的耐磨性、韧性。钢的显微组织特点是：热处理后要有一定量的剩余碳化物，碳化物分布均匀、形态圆整、细小；马氏体均匀细致；奥氏体晶粒均匀细小，共晶碳化物形态要圆整、粒度要细小。除上述的低合金钢可用作冷作模具外，以 Cr12、Cr12MoV、C12Mo、Cr12Mo1V1、Cr12W 等钢种为代表的 Cr12 型莱氏体钢是典型的冷作模具钢。

Cr12 型钢铸锭中含有大量的网状共晶碳化物（图 6-17），用这种铸锭直接锻造成型、退火后直接用于机械加工和最终热处理后服役的，由于含有大量的网状共晶碳化物，在热处理淬火时常淬火开裂，在模具使用时也常常发生早期脆裂。这些网状共晶碳化物不能在热处理过程中消除，只能通过反复锻造才能消除网状使碳化物均匀分布。

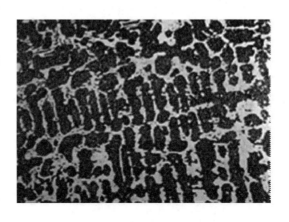

图 6-17　Cr12 钢中的网状共晶碳化

在热加工过程中，钢锭中的粗大枝晶和各种夹杂物都要沿着金属的变形方向被拉长，这样使钢锭中的枝晶偏析和非金属夹杂物逐渐与热加工时金属的变形方向一致，成为带状组织（图 6-18）。带状组织使钢的力学性能呈现各向异性，即沿纤维伸展的方向具有较高的力学性能而在垂直于纤维伸展方向上力学性能较为低劣。严重带状组织的材料在热处理淬火时还容易产生沿纤维方向的纵向开裂。

对于高速钢、Cr12 型等莱氏体钢，不能把锻造简单地理解为毛坯成形。锻造不但可以将钢锭中的气孔、疏松、缩孔、微裂纹焊合起来，提高锻坯的致密度，而且可以碎化、细化共晶碳化物，把粗大的枝晶状共晶碳化物打散打碎，提高碳化物分布的均匀性，细化碳化物的精度。因此，锻造是提高莱氏体钢内在质量、延长模具使用寿命的重要工艺。莱氏体钢的锻造，要求是六面锻造，即三向镦粗和拔长的联合工艺。每次都要有一定的锻造比，才能使共晶碳化物逐步变成无规则均匀分布（图6-19）。只经轻微锻造成形的模具组织碳化物呈网状堆集（图6-20）；只经单方向拔长的模具组织，碳化物呈带状堆集（图6-21）。

图6-18　Cr12钢碳化物呈带状
堆集（100×）

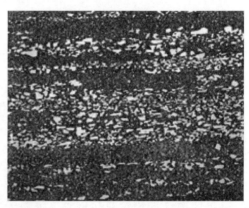

图6-19　Cr12钢碳化物无规则均匀
分布

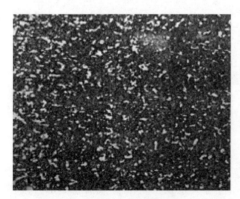

图6-20　Cr12钢碳化物呈
网状堆集（100×）

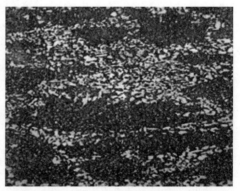

图6-21　Cr12钢碳化物呈堆集（100×）

Cr12型钢的最终热处理，根据模具的工作条件及性能要求，有一次硬化法和二次硬化法。一次硬化法用在要求高硬度、良好耐磨性和变形小的冷作模具，采用1000℃左右的温度淬火，2~3次的低温回火。由于淬火温度低，工件变形小，但回火温度低，马氏体回火不足，残余奥氏体没发生转变，脆性较大，使用时容易开裂。二次硬化法用在要求高硬度、高耐磨性和有一定韧性，或随后需进行渗氮处理的模具，采用 1000℃左右的温度淬火，2~3 次 500~520℃的高温回火。由于淬火温度高，碳化物溶解较多，奥氏体较稳定、较均匀，残余奥氏体量较多，淬火开裂的倾向较小但淬火变形稍大，工件淬火后的硬度低，必须在多次高温回火产生二次硬化才具有高硬度，由于回火温度高，马氏体转变完全，残余奥氏体已大部转变，组织比较稳定，残余应力较小，脆性比较小，在以后的磨削加工、线切割加工及模具使用过程中开裂的倾向较小。

Cr12 钢经一次硬化加热淬火后，共晶碳化物块度大而且多呈角状，细粒残余碳化物颗粒较粗，数量也较多，隐针马氏体和残留奥氏体分辨不清（图 6 - 22），回火后基体变黑，晶界区变白，有类似黑白区的组织出现（图 6 - 23）。而经二次硬化加热淬火的组织，共晶碳化物尖角变圆秃，有大片白色残余奥氏体，其中分布着颗粒状剩余碳化物，黑色的淬火马氏体区也有残余奥氏体（图 6 - 24）。此钢再经 520℃回火后，残余奥氏体大量转变，回火马氏体也清晰可见（图 6 - 25）。

Cr12MoV 钢经一次硬化加热淬火后，共晶碳化物块度比 Cr12 钢小得多，数量也较少密集程度也比 Cr12 钢低。基体组织为隐针马氏体 + 残留奥氏体（图 6 - 26）。剩余的碳化物相对较多。回火后基体变黑，回火马氏体针隐约可辨，残余奥氏体呈白色，白色奥氏体在黑色背景下特别清晰。而经二次硬化加热淬火后，组织中的共晶碳化物尖角全部变圆。出现大量残余奥氏体，碳化物已很少。520℃三次回火后，残余奥氏体大部分解，回火马氏体也清晰可见。

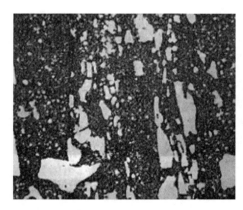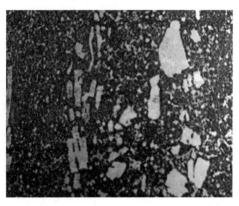

图 6 - 22　Cr12 钢一次硬化淬火　　　　图 6 - 23　Cr12 钢一次硬化淬火回火
　　　　　组织（500 ×）　　　　　　　　　　　组织（500 ×）

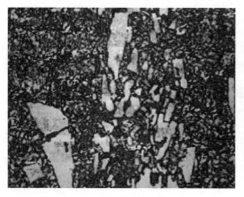

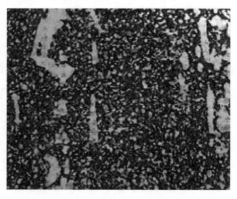

图 6 – 24　Cr 钢二次硬化淬火
组织（500×）

图 6 – 25　Cr12 钢二次硬化淬火
回火组织（500×）

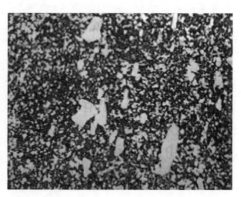

图 6 – 26　C12MoV 钢一次硬化淬火
组织（500×）

图 6 – 27　钢一次硬化淬火
回火组织（500×）

二、热作模具钢

热作模具长时在反复急冷急热工况下，模具温升可达 700℃，因此要求模具用钢有良好的热强性及抗热疲劳性和韧性。高韧性热锻模钢有 5CrMnMo、5CrNiMo、4Cr5MoSiV（H11）等。退火组织为片状珠光体和铁素体。常有严重的元素偏析。强韧兼备的热作模具钢有 4Cr5MoSiV1（H13）、4Cr3Mo3VNb（HM3）、4Cr3Mo2MnVB、4Cr3Mo3W4VNb（GR）等，高热强钢有 3Cr2W8V、

4Cr3Mo2MnVNbB（Y4）、4Cr5Mo2MnVsi（Y10）等 组织为点状及细粒状珠光体和共晶碳化物。它们的共晶碳化物属亚稳定共晶碳化物。要求是均匀、细小和圆整的碳化物，不允许大块或呈链状、带状分布。

热作模具钢的预先热处理为退火，将加热到780～800℃保温后炉冷。改善锻后组织，并满足加工工艺要求。

热作模具钢的最终热处理淬火、回火工艺规范参照第四单第四节。在淬火操作时必须注意，在同油冷至接近 Ms 点（约210℃），即要取出并尽快回火，绝不允许将模具冷却至油温或取出后冷至室温再回火，否则极易因组织应力过大而开裂。淬火回火后的组织为回火托氏体加回火索氏体。（图 6－28、图 6－29、图 6－30）。

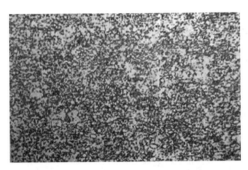

图 6－28　4Cr5MoSiV1 钢球化退火
组织（500×）

图 6－29　4Cr5MoSiV1 钢淬火回火
组织（500×）

图 6－30　3Cr2W8V 钢球化退火
组织（500×）

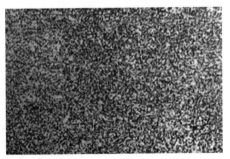

图 6－31　3Cr2W8V 钢淬火回火
组织（500×）

三、塑料模具专用钢

由于塑料模具形状复杂、尺寸精度和表面粗糙度均有较高要求，所以使用的模具材料类型较为特殊。形成塑料模具专用钢，主要有预硬型塑料模具钢、易切削预硬型塑料模具钢、时效硬化型塑料模具钢和耐腐蚀型塑料模具钢。

（一）预硬型塑料模具钢

预硬型塑料模具钢是以3Cr2Mo（P20）、3Cr2Ni1Mo（718）为代表的精炼合金结构钢，经调质后模坯硬度30~50HRC，加工性能好。该钢一般以退火状态交货，也有以预硬状态交货的。

3Cr2Mo钢等温退火工艺，见表4-1。退火组织为碳化物细小均匀的粒状球光体（图6-32）。

3Cr2Mo钢淬火回火工艺，见表4-3，淬火回火组织为回火索氏体加回火托氏体（图6-33）。

对3Cr2Mo、3Cr2Ni1Mo钢进行渗氮处理可提高模具的耐磨性和抗腐蚀性能，延长模具使用寿命。3CrMo钢离子渗氮渗层组织见图6-34。

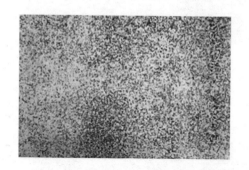

图6-32　3Cr2Mo退火组织（500×）

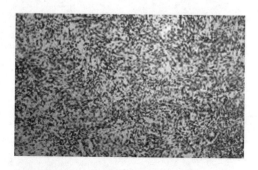

图6-33　3Cr2Mo淬火回火组织（500×）

图6-34　3Cr2Mo钢离子渗氮渗层组织

（二）耐腐蚀型塑料模具钢主要有 2Cr13（420）、4Cr13（S－136）、3Cr17Mo。2Cr13 和 4Cr13 是马氏体型不锈钢，有优良的耐腐蚀性能，4Cr13 的硬度较高，有很好的抛光性能。

2Cr13 和 4Cr13 锻造后的完全退火工艺见表 4－1，得到的组织为粒状珠光体加少量的铁素体（图 6－35），最后热处理淬火工艺见表 4－3，根据硬度的要求，在 600℃左右回火得到回火托氏体为主的组织（图 6－36）。

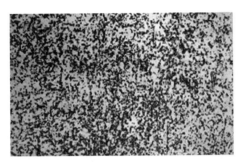

图 6－35　2Cr13 完全退火　　　　　图 6－36　2Cr13 淬火回火
　　组织（500×）　　　　　　　　　　组织（500×）

四、实验步骤

1. 方案制订

根据任务书制订实验的方案，于第二次课交由老师进行审批。根据老师的修改意见重新修改方案。

2. 预先热处理

零件在加工前需要对材料进行预先热处理，根据所选的材料，查找材料的正火或退火的加工工艺。

3. 材料平衡组织的观察

经过预先热处理后的材料需要对其内部组织进行以观察，以确保材料的组织均匀，力学性能达到加工的要求。在这一环节中，需要对材料的表面进行处理，具体操作步骤参考第二章所述的实验教程。

4. 材料的热处理

经加工成型后的零件它的性能并未达到使用的要求，需要对材料进一步热处理，在此环节中，需要参考第四章的内容，依据零件的使用工况和材料加工工艺并进行热处理加工。

5. 零件的力学性能检测

本环节是检验零件的使用性能是否达到要求的关键环节，需要认真测试，达到任务书的要求后，方能进行下一步的实验步骤。

6. 零件交付使用前的金相检验

参考第二章所述的内容，对零件最终热处理的后的材料组织成分进行分析。

7. 撰写实验报告。

8. 总结与交流。

★注：详细的方案制订方法可参照本章第二节。

第七章 附 录

第一节 机械工程材料综合实验任务书

任务一 自行车飞轮材料综合实验

一、零件图（图7-1）

图7-1 零件图

二、零件技术要求

预先热处理：<180HB

最终热处理：表面硬度58~62HRC 渗层深度0.40~0.60mm

三、方案要求

给定一份任务书，根据任务书内容做出方案。

方案必须包括以下内容：

1）分析零件的服役条件和失效形式。

2）根据服役条件和失效形式选择材料，对比适用的2~3种材料特性，结合实验室材料库现有的材料，依据材料的经济性和通用性最终选定一种。

3）列出材料的化学成分表，分析每种元素的作用。

4）明确零件的整个制造工艺路线，包括机械加工和热处理加工工艺（目的：了解4种普通热处理工艺安插在机械加工的哪些环节）。

5）列出材料的临界点，A_{C1}、A_{C3}、A_{r1}、A_{r3}（目的：了解退火、正火、淬火温度制订的依据）。

6）制订热处理工艺，包括预先热处理工艺和最终热处理工艺，并画出热处理工艺图。

7）叙述预先、最终热处理的目的。

任务二　自行车中轴综合实验

一、零件图（图7－2）

图7－2　自行车中轴

二、零件技术要求

预先热处理：＜180HB。

最终热处理：表面硬度58~62HRC　渗层深度0.40~0.60mm。

三、方案要求

给定一份任务书，根据任务书内容做出方案。

方案必须包括以下内容：

1）分析零件的服役条件和失效形式。

2）根据服役条件和失效形式选择材料，对比适用的2~3种材料特性，结合实验室材料库现有的材料，依据材料的经济性和通用性最终选定一种。

3）列出材料的化学成分表，分析每种元素的作用。

4）明确零件的整个制造工艺路线，包括机械加工和热处理加工工艺（目的：了解4种普通热处理工艺安插在机械加工的哪些环节）。

5）列出材料的临界点，A_{C1}、A_{C3}、A_{r1}、A_{r3}（目的：了解退火、正火、淬火温度制订的依据）。

6）制订热处理工艺，包括预先热处理工艺和最终热处理工艺，并画出热处理工艺图。

7）叙述预先、最终热处理的目的。

任务三　勺子塑料模综合实验

一、零件图（图7-3）

图7-3　勺子塑料模

二、零件技术要求

预先热处理：<180HB。

最终热处理：38~42HRC。

三、方案要求

给定一份任务书，根据任务书内容做出方案。

方案必须包括以下内容：

1）分析零件的服役条件和失效形式。

2）根据服役条件和失效形式选择材料，对比适用的2~3种材料特性，结合实验室材料库现有的材料，依据材料的经济性和通用性最终选定一种。

3）列出材料的化学成分表，分析每种元素的作用。

4）明确零件的整个制造工艺路线，包括机械加工和热处理加工工艺（目的：了解4种普通热处理工艺安插在机械加工的哪些环节）。

5）列出材料的临界点，A_{C1}、A_{C3}、A_{r1}、A_{r3}（目的：了解退火、正火、淬火温度制订的依据）。

6）制订热处理工艺，包括预先热处理工艺和最终热处理工艺，并画出热处理工艺图。

7）叙述预先、最终热处理的目的。

任务四　衣架塑料模综合实验

一、零件图（图7-4）

图7-4　衣架塑料模

二、零件技术要求

预先热处理：<180HB。

最终热处理：38~42HRC。

三、方案要求

给定一份任务书，根据任务书内容做出方案。

方案必须包括以下内容：

1）分析零件的服役条件和失效形式。

2）根据服役条件和失效形式选择材料，对比适用的2~3种材料特性，结合实验室材料库现有的材料，依据材料的经济性和通用性最终选定一种。

3）列出材料的化学成分表，分析每种元素的作用。

4）明确零件的整个制造工艺路线，包括机械加工和热处理加工工艺（目的：了解4种普通热处理工艺安插在机械加工的哪些环节）。

5）列出材料的临界点，A_{C1}、A_{C3}、A_{r1}、A_{r3}（目的：了解退火、正火、淬火温度制订的依据）。

6）制订热处理工艺，包括预先热处理工艺和最终热处理工艺，并画出热处理工艺图。

7）叙述预先、最终热处理的目的。

任务五 锤锻模综合实验

一、零件图（图7-5）

图7-5 锤锻模

二、零件技术要求

预先热处理：150~250HB。

最终热处理：38~42HRC。

三、方案要求

给定一份任务书，根据任务书内容做出方案。

方案必须包括以下内容：

1）分析零件的服役条件和失效形式。

2）根据服役条件和失效形式选择材料，对比适用的2~3种材料特性，结合实验室材料库现有的材料，依据材料的经济性和通用性最终选定一种。

3）列出材料的化学成分表，分析每种元素的作用。

4）明确零件的整个制造工艺路线，包括机械加工和热处理加工工艺（目的：了解4种普通热处理工艺安插在机械加工的哪些环节）。

5）列出材料的临界点，A_{C1}、A_{C3}、A_{r1}、A_{r3}（目的：了解退火、正火、淬火温度制订的依据）。

6）制订热处理工艺，包括预先热处理工艺和最终热处理工艺，并画出热处理工艺图。

7）叙述预先、最终热处理的目的。

任务六　热挤压模综合实验任务书

一、零件图（图7-6）

图7-6　热挤压模

二、零件技术要求

预先热处理：150~250HB。

最终热处理：45~52HRC。

三、方案要求

给定一份任务书，根据任务书内容做出方案。

方案必须包括以下内容：

1）分析零件的服役条件和失效形式。

2）根据服役条件和失效形式选择材料，对比适用的2~3种材料特性，结合实验室材料库现有的材料，依据材料的经济性和通用性最终选定一种。

3）列出材料的化学成分表，分析每种元素的作用。

4）明确零件的整个制造工艺路线，包括机械加工和热处理加工工艺（目的：了解4种普通热处理工艺安插在机械加工的哪些环节）。

5）列出材料的临界点，A_{C1}、A_{C3}、A_{r1}、A_{r3}（目的：了解退火、正火、淬火温度制订的依据）。

6）制订热处理工艺，包括预先热处理工艺和最终热处理工艺，并画出热处理工艺图。

7）叙述预先、最终热处理的目的。

任务七 铜合金压铸模综合实验

一、零件图（图7-7）

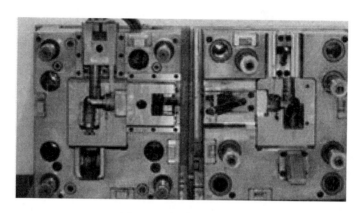

图7-7 铜合金压铸模

二、零件技术要求

预先热处理：150~250HB。

最终热处理：45~52HRC。

三、方案要求

给定一份任务书，根据任务书内容做出方案。

方案必须包括以下内容：

1）分析零件的服役条件和失效形式。

2）根据服役条件和失效形式选择材料，对比适用的2~3种材料特性，结合实验室材料库现有的材料，依据材料的经济性和通用性最终选定一种。

3）列出材料的化学成分表，分析每种元素的作用。

4）明确零件的整个制造工艺路线，包括机械加工和热处理加工工艺（目的：了解4种普通热处理工艺安插在机械加工的哪些环节）。

5）列出材料的临界点，A_{C1}、A_{C3}、A_{r1}、A_{r3}（目的：了解退火、正火、淬火温度制订的依据）。

6）制订热处理工艺，包括预先热处理工艺和最终热处理工艺，并画出热处

理工艺图。

7）叙述预先、最终热处理的目的。

任务八　铝合金压铸模综合实验

一、零件图（图7-8）

图7-8　铝合金压铸模

二、零件技术要求

预先热处理：150～250HB。

最终热处理：45～52HRC。

三、方案要求

给定一份任务书，根据任务书内容做出方案。

方案必须包括以下内容：

1）分析零件的服役条件和失效形式。

2）根据服役条件和失效形式选择材料，对比适用的2～3种材料特性，结合实验室材料库现有的材料，依据材料的经济性和通用性最终选定一种。

3）列出材料的化学成分表，分析每种元素的作用。

4）明确零件的整个制造工艺路线，包括机械加工和热处理加工工艺（目的：了解4种普通热处理工艺安插在机械加工的哪些环节）。

5）列出材料的临界点，A_{C1}、A_{C3}、A_{r1}、A_{r3}（目的：了解退火、正火、淬火温度制订的依据）。

6）制订热处理工艺，包括预先热处理工艺和最终热处理工艺，并画出热处理工艺图。

7）叙述预先、最终热处理的目的。

任务九　锌合金压铸模综合实验

一、零件图（图7-9）

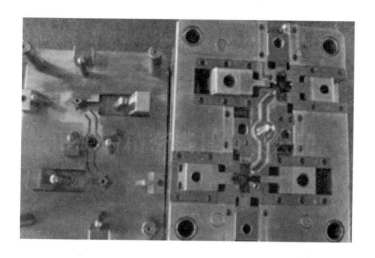

图7-9　锌合金压铸模

二、零件技术要求

预先热处理：150~250HB。

最终热处理：45~52HRC。

三、方案要求

给定一份任务书，根据任务书内容做出方案。

方案必须包括以下内容：

1）分析零件的服役条件和失效形式。

2）根据服役条件和失效形式选择材料，对比适用的2~3种材料特性，结合实验室材料库现有的材料，依据材料的经济性和通用性最终选定一种。

3）列出材料的化学成分表，分析每种元素的作用。

4）明确零件的整个制造工艺路线，包括机械加工和热处理加工工艺（目的：了解4种普通热处理工艺安插在机械加工的哪些环节）。

5）列出材料的临界点，A_{C1}、A_{C3}、A_{r1}、A_{r3}（目的：了解退火、正火、淬火温度制订的依据）。

6）制订热处理工艺，包括预先热处理工艺和最终热处理工艺，并画出热处理工艺图。

7）叙述预先、最终热处理的目的。

任务十　冷墩模综合实验

一、零件图（图7-10）

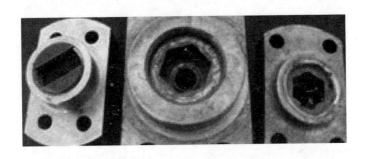

图7-10　冷墩模

二、零件技术要求

预先热处理：150～250HB。

最终热处理：58～62HRC。

三、方案要求

给定一份任务书，根据任务书内容做出方案。

方案必须包括以下内容：

1）分析零件的服役条件和失效形式。

2）根据服役条件和失效形式选择材料，对比适用的2～3种材料特性，结合实验室材料库现有的材料，依据材料的经济性和通用性最终选定一种。

3）列出材料的化学成分表，分析每种元素的作用。

4）明确零件的整个制造工艺路线，包括机械加工和热处理加工工艺（目的：了解4种普通热处理工艺安插在机械加工的哪些环节）。

5）列出材料的临界点，A_{c1}、A_{c3}、A_{r1}、A_{r3}（目的：了解退火、正火、淬火温度制定的依据）。

6）制定热处理工艺，包括预先热处理工艺和最终热处理工艺，并画出热处理工艺图。

7）叙述预先、最终热处理的目的。

任务十一 冷 挤 压 模

一、零件图（图 7 – 11）

图 7 – 11 冷挤压模

二、零件技术要求

预先热处理：150 ~ 250HB。

最终热处理：58 ~ 62HRC。

三、方案要求

给定一份任务书，根据任务书内容做出方案。

方案必须包括以下内容：

1）分析零件的服役条件和失效形式。

2）根据服役条件和失效形式选择材料，对比适用的 2 ~ 3 种材料特性，结合实验室材料库现有的材料，依据材料的经济性和通用性最终选定一种。

3）列出材料的化学成分表，分析每种元素的作用。

4）明确零件的整个制造工艺路线，包括机械加工和热处理加工工艺（目的：了解 4 种普通热处理工艺安插在机械加工的哪些环节）。

5）列出材料的临界点，A_{C1}、A_{C3}、A_{r1}、A_{r3}（目的：了解退火、正火、淬火温度制定的依据）。

6）制定热处理工艺，包括预先热处理工艺和最终热处理工艺，并画出热处理工艺图。

7）叙述预先、最终热处理的目的。

任务十二　冷拉伸模综合实验

一、零件图（图7-12）

图7-12　冷拉伸模

二、零件技术

预先热处理：150~250HB。

最终热处理：58~62HRC。

三、方案要求

给定一份任务书，根据任务书内容做出方案。

方案必须包括以下内容：

1）分析零件的服役条件和失效形式。

2）根据服役条件和失效形式选择材料，对比适用的2~3种材料特性，结合实验室材料库现有的材料，依据材料的经济性和通用性最终选定一种。

3）列出材料的化学成分表，分析每种元素的作用。

4）明确零件的整个制造工艺路线，包括机械加工和热处理加工工艺（目的：了解4种普通热处理工艺安插在机械加工的哪些环节）。

5）列出材料的临界点，A_{C1}、A_{C3}、A_{r1}、A_{r3}（目的：了解退火、正火、淬火温度制订的依据）。

6）制订热处理工艺，包括预先热处理工艺和最终热处理工艺，并画出热处理工艺图。

7）叙述预先、最终热处理的目的。

任务十三 钢板弯曲模综合实验

一、零件图（图 7 – 13）

图 7 – 13 钢板弯曲模

二、零件技术要求

预先热处理：150 ~ 250HB。

最终热处理：58 ~ 62HRC。

三、方案要求

给定一份任务书，根据任务书内容做出方案。

方案必须包括以下内容：

1）分析零件的服役条件和失效形式。

2）根据服役条件和失效形式选择材料，对比适用的 2 ~ 3 种材料特性，结合实验室材料库现有的材料，依据材料的经济性和通用性最终选定一种。

3）列出材料的化学成分表，分析每种元素的作用。

4）明确零件的整个制造工艺路线，包括机械加工和热处理加工工艺（目的：了解 4 种普通热处理工艺安插在机械加工的哪些环节）。

5）列出材料的临界点，A_{C1}、A_{C3}、A_{r1}、A_{r3}（目的：了解退火、正火、淬火温度制订的依据）。

6）制订热处理工艺，包括预先热处理工艺和最终热处理工艺，并画出热处理工艺图。

7）叙述预先、最终热处理的目的。

任务十四　穿孔冲头综合实验

一、零件图（图 7 – 14）

图 7 – 14　穿孔冲头

二、零件技术要求

预先热处理：150 ~ 250HB。

最终热处理：58 ~ 62HRC。

三、方案要求

给定一份任务书，根据任务书内容做出方案。

方案必须包括以下内容：

1）分析零件的服役条件和失效形式。

2）根据服役条件和失效形式选择材料，对比适用的 2 ~ 3 种材料特性，结合实验室材料库现有的材料，依据材料的经济性和通用性最终选定一种。

3）列出材料的化学成分表，分析每种元素的作用。

4）明确零件的整个制造工艺路线，包括机械加工和热处理加工工艺（目的：了解 4 种普通热处理工艺安插在机械加工的哪些环节）。

5）列出材料的临界点，A_{C1}、A_{C3}、A_{r1}、A_{r3}（目的：了解退火、正火、淬火温度制订的依据）。

6）制订热处理工艺，包括预先热处理工艺和最终热处理工艺，并画出热处

理工艺图。

7）叙述预先、最终热处理的目的。

任务十五　硅钢片冷冲裁模综合实验

一、零件图（图7-15）

图7-15　硅钢片

二、零件技术要求

预先热处理：150~250HB。

最终热处理：58~62HRC。

三、方案要求

给定一份任务书，根据任务书内容做出方案。

方案必须包括以下内容：

1）分析零件的服役条件和失效形式。

2）根据服役条件和失效形式选择材料，对比适用的2~3种材料特性，结合实验室材料库现有的材料，依据材料的经济性和通用性最终选定一种。

3）列出材料的化学成分表，分析每种元素的作用。

4）明确零件的整个制造工艺路线，包括机械加工和热处理加工工艺（目的：了解4种普通热处理工艺安插在机械加工的哪些环节）。

5）列出材料的临界点，A_{C1}、A_{C3}、A_{r1}、A_{r3}（目的：了解退火、正火、淬火温度制订的依据）。

6）制订热处理工艺，包括预先热处理工艺和最终热处理工艺，并画出热处理工艺图。

7）叙述预先、最终热处理的目的。

任务十六　螺纹搓丝板综合实验

一、零件图（图7-16）

图7-16　螺纹搓丝板

二、零件技术要求

预先热处理：150~250HB。

最终热处理：58~62HRC。

三、方案要求

给定一份任务书，根据任务书内容做出方案。

方案必须包括以下内容：

1）分析零件的服役条件和失效形式。

2）根据服役条件和失效形式选择材料，对比适用的2~3种材料特性，结合实验室材料库现有的材料，依据材料的经济性和通用性最终选定一种。

3）列出材料的化学成分表，分析每种元素的作用。

4）明确零件的整个制造工艺路线，包括机械加工和热处理加工工艺（目的：了解4种普通热处理工艺安插在机械加工的哪些环节）。

5）列出材料的临界点，A_{C1}、A_{C3}、A_{r1}、A_{r3}（目的：了解退火、正火、淬火温度制订的依据）。

6）制订热处理工艺，包括预先热处理工艺和最终热处理工艺，并画出热处理工艺图。

7）叙述预先、最终热处理的目的。

任务十七 凿子综合实验

一、零件图（图 7 - 17）

图 7 - 17 凿子

二、零件技术要求

预先热处理：150 ~ 250HB。

最终热处理：45 ~ 62HRC。

三、方案要求

给定一份任务书，根据任务书内容做出方案。

方案必须包括以下内容：

1）分析零件的服役条件和失效形式。

2）根据服役条件和失效形式选择材料，对比适用的 2 ~ 3 种材料特性，结合实验室材料库现有的材料，依据材料的经济性和通用性最终选定一种。

3）列出材料的化学成分表，分析每种元素的作用。

4）明确零件的整个制造工艺路线，包括机械加工和热处理加工工艺（目的：了解 4 种普通热处理工艺安插在机械加工的哪些环节）。

5）列出材料的临界点，A_{C1}、A_{C3}、A_{r1}、A_{r3}（目的：了解退火、正火、淬火温度制订的依据）。

6）制订热处理工艺，包括预先热处理工艺和最终热处理工艺，并画出热处理工艺图。

7）叙述预先、最终热处理的目的。

任务十八 板牙综合实验

一、零件图（图7－18）

图7－18 板牙

二、零件技术要求

预先热处理：150～250HB。

最终热处理：58～62HRC。

三、方案要求

给定一份任务书，根据任务书内容做出方案。

方案必须包括以下内容：

1）分析零件的服役条件和失效形式。

2）根据服役条件和失效形式选择材料，对比适用的2～3种材料特性，结合实验室材料库现有的材料，依据材料的经济性和通用性最终选定一种。

3）列出材料的化学成分表，分析每种元素的作用。

4）明确零件的整个制造工艺路线，包括机械加工和热处理加工工艺（目的：了解4种普通热处理工艺安插在机械加工的哪些环节）。

5）列出材料的临界点，A_{C1}、A_{C3}、A_{r1}、A_{r3}（目的：了解退火、正火、淬火温度制订的依据）。

6）制订热处理工艺，包括预先热处理工艺和最终热处理工艺，并画出热处

理工艺图。

7）叙述预先、最终热处理的目的。

任务十九　丝锥综合实验

一、零件图（图 7 – 19）

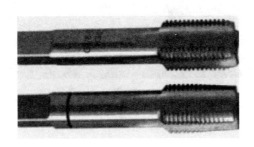

图 7 – 19　丝锥

二、零件技术要求

预先热处理：150～250HB。

最终热处理：58～62HRC。

三、方案要求

给定一份任务书，根据任务书内容做出方案。

方案必须包括以下内容：

1）分析零件的服役条件和失效形式。

2）根据服役条件和失效形式选择材料，对比适用的 2～3 种材料特性，结合实验室材料库现有的材料，依据材料的经济性和通用性最终选定一种。

3）列出材料的化学成分表，分析每种元素的作用。

4）明确零件的整个制造工艺路线，包括机械加工和热处理加工工艺（目的：了解 4 种普通热处理工艺安插在机械加工的哪些环节）。

5）列出材料的临界点，A_{C1}、A_{C3}、A_{r1}、A_{r3}（目的：了解退火、正火、淬火温度制订的依据）。

6）制订热处理工艺，包括预先热处理工艺和最终热处理工艺，并画出热处理工艺图。

7）叙述预先、最终热处理的目的。

任务二十　柱塞泵传动轴综合实验

一、零件图（图 7 - 20）

图 7 - 20　柱塞泵传动轴

二、零件技术要求

预先热处理：＜180HB。

最终热处理：250～300HB。

三、方案要求

给定一份任务书，根据任务书内容做出方案。

方案必须包括以下内容：

1）分析零件的服役条件和失效形式。

2）根据服役条件和失效形式选择材料，对比适用的 2～3 种材料特性，结合实验室材料库现有的材料，依据材料的经济性和通用性最终选定一种。

3）列出材料的化学成分表，分析每种元素的作用。

4）明确零件的整个制造工艺路线，包括机械加工和热处理加工工艺（目的：了解 4 种普通热处理工艺安插在机械加工的哪些环节）。

5）列出材料的临界点，A_{C1}、A_{C3}、A_{r1}、A_{r3}（目的：了解退火、正火、淬火温度制订的依据）。

6）制订热处理工艺，包括预先热处理工艺和最终热处理工艺，并画出热处理工艺图。

7）叙述预先、最终热处理的目的。

任务二十一　柱塞泵回程盘综合实验

一、零件图（图 7 - 21）

二、零件技术要求

图 7 – 21　柱塞泵回程盘

预先热处理：150 ~ 250HB。

最终热处理：58 ~ 62HRC。

三、方案要求

给定一份任务书，根据任务书内容做出方案。

方案必须包括以下内容：

1）分析零件的服役条件和失效形式。

2）根据服役条件和失效形式选择材料，对比适用的 2 ~ 3 种材料特性，结合实验室材料库现有的材料，依据材料的经济性和通用性最终选定一种。

3）列出材料的化学成分表，分析每种元素的作用。

4）明确零件的整个制造工艺路线，包括机械加工和热处理加工工艺（目的：了解 4 种普通热处理工艺安插在机械加工的哪些环节）。

5）列出材料的临界点，A_{C1}、A_{C3}、A_{r1}、A_{r3}（目的：了解退火、正火、淬火温度制订的依据）。

6）制订热处理工艺，包括预先热处理工艺和最终热处理工艺，并画出热处理工艺图。

7）叙述预先、最终热处理的目的。

任务二十二　柱塞泵套缸综合实验

一、零件图（图 7 – 22）

二、零件技术要求

预先热处理：150 ~ 250HB。

最终热处理：58 ~ 62HRC。

图 7 - 22　柱塞泵套缸

三、方案要求

给定一份任务书，根据任务书内容做出方案。

方案必须包括以下内容：

1）分析零件的服役条件和失效形式。

2）根据服役条件和失效形式选择材料，对比适用的 2 ~ 3 种材料特性，结合实验室材料库现有的材料，依据材料的经济性和通用性最终选定一种。

3）列出材料的化学成分表，分析每种元素的作用。

4）明确零件的整个制造工艺路线，包括机械加工和热处理加工工艺（目的：了解 4 种普通热处理工艺安插在机械加工的哪些环节）。

5）列出材料的临界点，A_{C1}、A_{C3}、A_{r1}、A_{r3}（目的：了解退火、正火、淬火温度制订的依据）。

6）制订热处理工艺，包括预先热处理工艺和最终热处理工艺，并画出热处理工艺图。

7）叙述预先、最终热处理的目的。

任务二十三　叶片泵配油盘综合实验

一、零件图（图 7 - 23）

二、零件技术要求

预先热处理：250 ~ 300HB。

最终热处理：①表面硬度 >600HV1；②渗层深度　0. 20 ~ 0. 50mm。

三、方案要求

给定一份任务书，根据任务书内容做出方案。

方案必须包括以下内容：

图 7 - 23　叶片泵配油盘

1）分析零件的服役条件和失效形式。

2）根据服役条件和失效形式选择材料，对比适用的 2~3 种材料特性，结合实验室材料库现有的材料，依据材料的经济性和通用性最终选定一种。

3）列出材料的化学成分表，分析每种元素的作用。

4）明确零件的整个制造工艺路线，包括机械加工和热处理加工工艺（目的：了解 4 种普通热处理工艺安插在机械加工的哪些环节）。

5）列出材料的临界点，A_{C1}、A_{C3}、A_{r1}、A_{r3}（目的：了解退火、正火、淬火温度制订的依据）。

6）制订热处理工艺，包括预先热处理工艺和最终热处理工艺，并画出热处理工艺图。

7）叙述预先、最终热处理的目的。

任务二十四　齿轮泵轴综合实验

一、零件图（图 7 - 24）

图 7 - 24　齿轮泵轴

二、零件技术要求

预先热处理：<180HB。

最终热处理：38～42HRC。

三、方案要求

给定一份任务书，根据任务书内容做出方案。

方案必须包括以下内容：

1）分析零件的服役条件和失效形式。

2）根据服役条件和失效形式选择材料，对比适用的 2～3 种材料特性，结合实验室材料库现有的材料，依据材料的经济性和通用性最终选定一种。

3）列出材料的化学成分表，分析每种元素的作用。

4）明确零件的整个制造工艺路线，包括机械加工和热处理加工工艺（目的：了解4种普通热处理工艺安插在机械加工的哪些环节）。

5）列出材料的临界点，A_{C1}、A_{C3}、A_{r1}、A_{r3}（目的：了解退火、正火、淬火温度制订的依据）。

6）制订热处理工艺，包括预先热处理工艺和最终热处理工艺，并画出热处理工艺图。

7）叙述预先、最终热处理的目的。

任务二十五　叶片泵定子综合实验

一、零件图（图 7 – 25）

图 7 – 25　叶片泵定子

二、零件技术要求

预先热处理：150～250HB。

最终热处理：58～62HRC。

三、方案要求

给定一份任务书，根据任务书内容做出方案。

方案必须包括以下内容：

1）分析零件的服役条件和失效形式。

2）根据服役条件和失效形式选择材料，对比适用的2～3种材料特性，结合实验室材料库现有的材料，依据材料的经济性和通用性最终选定一种。

3）列出材料的化学成分表，分析每种元素的作用。

4）明确零件的整个制造工艺路线，包括机械加工和热处理加工工艺（目的：了解4种普通热处理工艺安插在机械加工的哪些环节）。

5）列出材料的临界点，A_{C1}、A_{C3}、A_{r1}、A_{r3}（目的：了解退火、正火、淬火温度制订的依据）。

6）制订热处理工艺，包括预先热处理工艺和最终热处理工艺，并画出热处理工艺图。

7）叙述预先、最终热处理的目的。

任务二十六 汽车连杆螺栓综合实验

一、零件图（图7－26）

图7－26 汽车连杆螺栓

二、零件技术要求

预先热处理：＜180HB。

最终热处理：30～38HRC。

三、方案要求

给定一份任务书，根据任务书内容做出方案。

方案必须包括以下内容：

1）分析零件的服役条件和失效形式。

2）根据服役条件和失效形式选择材料，对比适用的2~3种材料特性，结合实验室材料库现有的材料，依据材料的经济性和通用性最终选定一种。

3）列出材料的化学成分表，分析每种元素的作用。

4）明确零件的整个制造工艺路线，包括机械加工和热处理加工工艺（目的：了解4种普通热处理工艺安插在机械加工的哪些环节）。

5）列出材料的临界点，A_{C1}、A_{C3}、A_{r1}、A_{r3}（目的：了解退火、正火、淬火温度制订的依据）。

6）制订热处理工艺，包括预先热处理工艺和最终热处理工艺，并画出热处理工艺图。

7）叙述预先、最终热处理的目的。

任务二十七　齿轮泵定位销综合实验

一、零件图（图7-27）

图7-27　定位销

二、零件技术要求

预先热处理：<180HB。

最终热处理：35~42HRC。

三、方案要求

给定一份任务书，根据任务书内容做出方案。

方案必须包括以下内容：

1）分析零件的服役条件和失效形式。

2）根据服役条件和失效形式选择材料，对比适用的 2~3 种材料特性，结合实验室材料库现有的材料，依据材料的经济性和通用性最终选定一种。

3）列出材料的化学成分表，分析每种元素的作用。

4）明确零件的整个制造工艺路线，包括机械加工和热处理加工工艺（目的：了解 4 种普通热处理工艺安插在机械加工的哪些环节）。

5）列出材料的临界点，A_{C1}、A_{C3}、A_{r1}、A_{r3}（目的：了解退火、正火、淬火温度制订的依据）。

6）制订热处理工艺，包括预先热处理工艺和最终热处理工艺，并画出热处理工艺图。

7）叙述预先、最终热处理的目的。

任务二十八　车床三爪卡盘卡爪综合实验

一、零件图（图 7-28）

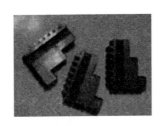

图 7-28　车床三爪卡盘卡爪

二、零件技术要求

预先热处理：<180HB。

最终热处理：40~50HRC。

三、方案要求

给定一份任务书，根据任务书内容做出方案。

方案必须包括以下内容：

1）分析零件的服役条件和失效形式。

2）根据服役条件和失效形式选择材料，对比适用的 2~3 种材料特性，结合实验室材料库现有的材料，依据材料的经济性和通用性最终选定一种。

3）列出材料的化学成分表，分析每种元素的作用。

4）明确零件的整个制造工艺路线，包括机械加工和热处理加工工艺（目的：了解4种普通热处理工艺安插在机械加工的哪些环节）。

5）列出材料的临界点，A_{c1}、A_{c3}、A_{r1}、A_{r3}（目的：了解退火、正火、淬火温度制订的依据）。

6）制订热处理工艺，包括预先热处理工艺和最终热处理工艺，并画出热处理工艺图。

7）叙述预先、最终热处理的目的。

任务二十九　拖拉机半轴综合实验

一、零件图（图7-29）

图7-29　拖拉机半轴

二、零件技术要求

预先热处理：<180HB。

最终热处理：①整体25~35HRC；②花键部分58~62HRC。

三、方案要求

给定一份任务书，根据任务书内容做出方案。

方案必须包括以下内容：

1）分析零件的服役条件和失效形式。

2）根据服役条件和失效形式选择材料，对比适用的2~3种材料特性，结合实验室材料库现有的材料，依据材料的经济性和通用性最终选定一种。

3）列出材料的化学成分表，分析每种元素的作用。

4）明确零件的整个制造工艺路线，包括机械加工和热处理加工工艺（目的：了解4种普通热处理工艺安插在机械加工的哪些环节）。

5）列出材料的临界点，A_{c1}、A_{c3}、A_{r1}、A_{r3}（目的：了解退火、正火、淬火温度制订的依据）。

6）制订热处理工艺，包括预先热处理工艺和最终热处理工艺，并画出热处理工艺图。

7) 叙述预先、最终热处理的目的。

任务三十 汽车活塞销综合实验

一、零件图（图 7 – 30）

图 7 – 30 汽车活塞销

二、零件技术要求

预先热处理：＜180HB。

最终热处理：表面硬度 58～62HRC 渗层深度 0.40～0.80mm。

三、方案要求

给定一份任务书，根据任务书内容做出方案。

方案必须包括以下内容：

1) 分析零件的服役条件和失效形式。

2) 根据服役条件和失效形式选择材料，对比适用的 2～3 种材料特性，结合实验室材料库现有的材料，依据材料的经济性和通用性最终选定一种。

3) 列出材料的化学成分表，分析每种元素的作用。

4) 明确零件的整个制造工艺路线，包括机械加工和热处理加工工艺（目的：了解 4 种普通热处理工艺安插在机械加工的哪些环节）。

5) 列出材料的临界点，A_{C1}、A_{C3}、A_{r1}、A_{r3}（目的：了解退火、正火、淬火温度制订的依据）。

6) 制订热处理工艺，包括预先热处理工艺和最终热处理工艺，并画出热处理工艺图。

7) 叙述预先、最终热处理的目的。

任务三十一　气缸安全阀弹簧综合实验

一、零件图（图 7 – 31）

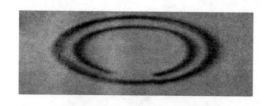

图 7 – 31　气缸安全阀弹簧

二、零件技术要求

预先热处理：150～230HB。

最终热处理：45～52HRC。

三、方案要求

给定一份任务书，根据任务书内容做出方案。

方案必须包括以下内容：

1）分析零件的服役条件和失效形式。

2）根据服役条件和失效形式选择材料，对比适用的 2～3 种材料特性，结合实验室材料库现有的材料，依据材料的经济性和通用性最终选定一种。

3）列出材料的化学成分表，分析每种元素的作用。

4）明确零件的整个制造工艺路线，包括机械加工和热处理加工工艺（目的：了解 4 种普通热处理工艺安插在机械加工的哪些环节）。

5）列出材料的临界点，A_{C1}、A_{C3}、A_{r1}、A_{r3}（目的：了解退火、正火、淬火温度制订的依据）。

6）制订热处理工艺，包括预先热处理工艺和最终热处理工艺，并画出热处理工艺图。

7）叙述预先、最终热处理的目的。

任务三十二　螺旋弹簧综合实验

一、零件图（图 7 – 32）

二、零件技术要求

预先热处理：150～230HB。

图 7 – 32 螺旋弹簧

最终热处理：45～52HRC。

三、方案要求

给定一份任务书，根据任务书内容做出方案。

方案必须包括以下内容：

1）分析零件的服役条件和失效形式。

2）根据服役条件和失效形式选择材料，对比适用的 2～3 种材料特性，结合实验室材料库现有的材料，依据材料的经济性和通用性最终选定一种。

3）列出材料的化学成分表，分析每种元素的作用。

4）明确零件的整个制造工艺路线，包括机械加工和热处理加工工艺（目的：了解 4 种普通热处理工艺安插在机械加工的哪些环节）。

5）列出材料的临界点，A_{C1}、A_{C3}、A_{r1}、A_{r3}（目的：了解退火、正火、淬火温度制订的依据）。

6）制订热处理工艺，包括预先热处理工艺和最终热处理工艺，并画出热处理工艺图。

7）叙述预先、最终热处理的目的。

任务三十三　汽车板簧综合实验

一、零件图（图 7 – 33）

图 7 – 33　汽车板簧

二、零件技术要求

预先热处理：150~230HB。

最终热处理：45~52HRC。

三、方案要求

给定一份任务书，根据任务书内容做出方案。

方案必须包括以下内容：

1）分析零件的服役条件和失效形式。

2）根据服役条件和失效形式选择材料，对比适用的2~3种材料特性，结合实验室材料库现有的材料，依据材料的经济性和通用性最终选定一种。

3）列出材料的化学成分表，分析每种元素的作用。

4）明确零件的整个制造工艺路线，包括机械加工和热处理加工工艺（目的：了解4种普通热处理工艺安插在机械加工的哪些环节）。

5）列出材料的临界点，A_{C1}、A_{C3}、A_{r1}、A_{r3}（目的：了解退火、正火、淬火温度制订的依据）。

6）制订热处理工艺，包括预先热处理工艺和最终热处理工艺，并画出热处理工艺图。

7）叙述预先、最终热处理的目的。

任务三十四 轴承钢球综合实验

一、零件图（图7-34）

图7-34 轴承钢球

二、零件技术要求

预先热处理：150～230HB。

最终热处理：60～62HRC。

三、方案要求

给定一份任务书，根据任务书内容做出方案。

方案必须包括以下内容：

1）分析零件的服役条件和失效形式。

2）根据服役条件和失效形式选择材料，对比适用的2～3种材料特性，结合实验室材料库现有的材料，依据材料的经济性和通用性最终选定一种。

3）列出材料的化学成分表，分析每种元素的作用。

4）明确零件的整个制造工艺路线，包括机械加工和热处理加工工艺（目的：了解4种普通热处理工艺安插在机械加工的哪些环节）。

5）列出材料的临界点，A_{C1}、A_{C3}、A_{r1}、A_{r3}（目的：了解退火、正火、淬火温度制订的依据）。

6）制订热处理工艺，包括预先热处理工艺和最终热处理工艺，并画出热处理工艺图。

7）叙述预先、最终热处理的目的。

任务三十五 轴承滚针综合实验

一、零件图（图7－35）

图7－35 轴承滚针

二、零件技术要求

预先热处理：150～230HB。

最终热处理：60～62HRC。

三、方案要求

给定一份任务书，根据任务书内容做出方案。

方案必须包括以下内容：

1）分析零件的服役条件和失效形式。

2）根据服役条件和失效形式选择材料，对比适用的2～3种材料特性，结合实验室材料库现有的材料，依据材料的经济性和通用性最终选定一种。

3）列出材料的化学成分表，分析每种元素的作用。

4）明确零件的整个制造工艺路线，包括机械加工和热处理加工工艺（目的：了解4种普通热处理工艺安插在机械加工的哪些环节）。

5）列出材料的临界点，A_{C1}、A_{C3}、A_{r1}、A_{r3}（目的：了解退火、正火、淬火温度制订的依据）。

6）制订热处理工艺，包括预先热处理工艺和最终热处理工艺，并画出热处理工艺图。

7）叙述预先、最终热处理的目的。

任务三十六　轴承套圈综合实验

一、零件图（图7－36）

图7－36　轴承套圈零件图

二、零件技术要求

预先热处理：150～230HB。

最终热处理：58～62HRC。

三、方案要求

给定一份任务书，根据任务书内容做出方案。

方案必须包括以下内容：

1）分析零件的服役条件和失效形式。

2）根据服役条件和失效形式选择材料，对比适用的 2～3 种材料特性，结合实验室材料库现有的材料，依据材料的经济性和通用性最终选定一种。

3）列出材料的化学成分表，分析每种元素的作用。

4）明确零件的整个制造工艺路线，包括机械加工和热处理加工工艺（目的：了解 4 种普通热处理工艺安插在机械加工的哪些环节）。

5）列出材料的临界点，A_{C1}、A_{C3}、A_{r1}、A_{r3}（目的：了解退火、正火、淬火温度制订的依据）。

6）制订热处理工艺，包括预先热处理工艺和最终热处理工艺，并画出热处理工艺图。

7）叙述预先、最终热处理的目的。

任务三十七 手用绞刀综合实验

一、零件图（图 7 - 37）

图 7 - 37 手用绞刀

二、零件技术要求

预先热处理：150～250HB。

最终热处理：58～62HRC。

三、方案要求

给定一份任务书，根据任务书内容做出方案。

方案必须包括以下内容：

1）分析零件的服役条件和失效形式。

2）根据服役条件和失效形式选择材料，对比适用的 2～3 种材料特性，结合实验室材料库现有的材料，依据材料的经济性和通用性最终选定一种。

3）列出材料的化学成分表，分析每种元素的作用。

4）明确零件的整个制造工艺路线，包括机械加工和热处理加工工艺（目的：了解 4 种普通热处理工艺安插在机械加工的哪些环节）。

5）列出材料的临界点，A_{C1}、A_{C3}、A_{r1}、A_{r3}（目的：了解退火、正火、淬火温度制订的依据）。

6）制订热处理工艺，包括预先热处理工艺和最终热处理工艺，并画出热处理工艺图。

7）叙述预先、最终热处理的目的。

任务三十八　齿轮综合实验

一、零件图（图 7 – 38）

图 7 – 38　齿轮

二、零件技术要求

预先热处理：<180HB。

最终热处理：表面硬度 58～62HRC　渗层深度 0.40～0.80mm。

三、方案要求

给定一份任务书，根据任务书内容做出方案。

方案必须包括以下内容：

1）分析零件的服役条件和失效形式。

2）根据服役条件和失效形式选择材料，对比适用的 2～3 种材料特性，结合实验室材料库现有的材料，依据材料的经济性和通用性最终选定一种。

3）列出材料的化学成分表，分析每种元素的作用。

4）明确零件的整个制造工艺路线，包括机械加工和热处理加工工艺（目的：了解 4 种普通热处理工艺安插在机械加工的哪些环节）。

5）列出材料的临界点，A_{C1}、A_{C3}、A_{r1}、A_{r3}（目的：了解退火、正火、淬火

温度制订的依据）。

6）制订热处理工艺，包括预先热处理工艺和最终热处理工艺，并画出热处理工艺图。

7）叙述预先、最终热处理的目的。

任务三十九　汽车连杆综合实验

一、零件图（图 7 - 39）

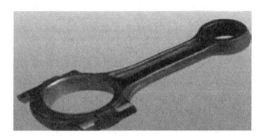

图 7 - 39　汽车连杆

二、零件技术要求

预先热处理：＜180HB。

最终热处理：①整体 25 - 30HRC；②轴承部位 58 ~ 60HRC。

三、方案要求

给定一份任务书，根据任务书内容做出方案。

方案必须包括以下内容：

1）分析零件的服役条件和失效形式。

2）根据服役条件和失效形式选择材料，对比适用的 2 ~ 3 种材料特性，结合实验室材料库现有的材料，依据材料的经济性和通用性最终选定一种。

3）列出材料的化学成分表，分析每种元素的作用。

4）明确零件的整个制造工艺路线，包括机械加工和热处理加工工艺（目的：了解 4 种普通热处理工艺安插在机械加工的哪些环节）。

5）列出材料的临界点，A_{C1}、A_{C3}、A_{r1}、A_{r3}（目的：了解退火、正火、淬火温度制订的依据）。

6）制订热处理工艺，包括预先热处理工艺和最终热处理工艺，并画出热处理工艺图。

7）叙述预先、最终热处理的目的。

任务四十　磨床主轴综合实验

一、零件图（图7－40）

图7－40　磨柱轴

二、零件技术要求

预先热处理：＜180HB。

最终热处理：①表面硬度58～62HRC；②渗层深度0.40～0.80mm。

三、方案要求

给定一份任务书，根据任务书内容做出方案。

方案必须包括以下内容：

1）分析零件的服役条件和失效形式。

2）根据服役条件和失效形式选择材料，对比适用的2～3种材料特性，结合实验室材料库现有的材料，依据材料的经济性和通用性最终选定一种。

3）列出材料的化学成分表，分析每种元素的作用。

4）明确零件的整个制造工艺路线，包括机械加工和热处理加工工艺（目的：了解4种普通热处理工艺安插在机械加工的哪些环节）。

5）列出材料的临界点，A_{c1}、A_{c3}、A_{r1}、A_{r3}（目的：了解退火、正火、淬火温度制订的依据）。

6）制订热处理工艺，包括预先热处理工艺和最终热处理工艺，并画出热处理工艺图。

7）叙述预先、最终热处理的目的。

任务四十一　机床主轴综合实验

一、零件图（图7－41）

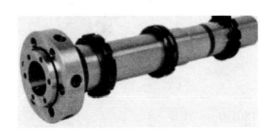

图7－41　机床主轴

二、零件技术要求

预先热处理：＜180HB。

最终热处理：①整体25~30HRC；② 轴承部位58~60HRC。

三、方案要求

给定一份任务书，根据任务书内容做出方案。

方案必须包括以下内容：

1）分析零件的服役条件和失效形式。

2）根据服役条件和失效形式选择材料，对比适用的2~3种材料特性，结合实验室材料库现有的材料，依据材料的经济性和通用性最终选定一种。

3）列出材料的化学成分表，分析每种元素的作用。

4）明确零件的整个制造工艺路线，包括机械加工和热处理加工工艺（目的：了解4种普通热处理工艺安插在机械加工的哪些环节）。

5）列出材料的临界点，A_{C1}、A_{C3}、A_{r1}、A_{r3}（目的：了解退火、正火、淬火温度制订的依据）。

6）制订热处理工艺，包括预先热处理工艺和最终热处理工艺，并画出热处理工艺图。

7）叙述预先、最终热处理的目的。

任务四十二　铣床主轴综合实验

一、零件图（图7－42）

二、零件技术要求

图 7 – 42　铣床主轴

预先热处理：＜180HB。

最终热处理：①整体 25～30HRC；②花键部位 58～60HRC。

三、方案要求

给定一份任务书，根据任务书内容做出方案。

方案必须包括以下内容：

1）分析零件的服役条件和失效形式。

2）根据服役条件和失效形式选择材料，对比适用的 2～3 种材料特性，结合实验室材料库现有的材料，依据材料的经济性和通用性最终选定一种。

3）列出材料的化学成分表，分析每种元素的作用。

4）明确零件的整个制造工艺路线，包括机械加工和热处理加工工艺（目的：了解 4 种普通热处理工艺安插在机械加工的哪些环节）。

5）列出材料的临界点，A_{C1}、A_{C3}、A_{r1}、A_{r3}（目的：了解退火、正火、淬火温度制订的依据）。

6）制订热处理工艺，包括预先热处理工艺和最终热处理工艺，并画出热处理工艺图。

7）叙述预先、最终热处理的目的。

任务四十三　镗床主轴综合实验

一、零件图（图 7 – 43）

二、零件技术要求

预先热处理：＜180HB。

最终热处理：①整体 25～30HRC；②表面硬度 ＞600HV1　渗层深度 0.20～0.50mm。

三、方案要求

图 7 - 43 镗床主轴

给定一份任务书，根据任务书内容做出方案。

方案必须包括以下内容：

1）分析零件的服役条件和失效形式。

2）根据服役条件和失效形式选择材料，对比适用的 2~3 种材料特性，结合实验室材料库现有的材料，依据材料的经济性和通用性最终选定一种。

3）列出材料的化学成分表，分析每种元素的作用。

4）明确零件的整个制造工艺路线，包括机械加工和热处理加工工艺（目的：了解 4 种普通热处理工艺安插在机械加工的哪些环节）。

5）列出材料的临界点，A_{C1}、A_{C3}、A_{r1}、A_{r3}（目的：了解退火、正火、淬火温度制订的依据）。

6）制订热处理工艺，包括预先热处理工艺和最终热处理工艺，并画出热处理工艺图。

7）叙述预先、最终热处理的目的。

任务四十四 叶片泵轴综合实验

一、零件图（图 7 - 44）

图 7 - 44 叶片泵轴

二、零件技术要求

预先热处理：<180HB。

最终热处理：58~62HRC。

三、方案要求

给定一份任务书，根据任务书内容做出方案。

方案必须包括以下内容：

1）分析零件的服役条件和失效形式。

2）根据服役条件和失效形式选择材料，对比适用的2~3种材料特性，结合实验室材料库现有的材料，依据材料的经济性和通用性最终选定一种。

3）列出材料的化学成分表，分析每种元素的作用。

4）明确零件的整个制造工艺路线，包括机械加工和热处理加工工艺（目的：了解4种普通热处理工艺安插在机械加工的哪些环节）。

5）列出材料的临界点，A_{C1}、A_{C3}、A_{r1}、A_{r3}（目的：了解退火、正火、淬火温度制订的依据）。

6）制订热处理工艺，包括预先热处理工艺和最终热处理工艺，并画出热处理工艺图。

7）叙述预先、最终热处理的目的。

任务四十五　粉碎机锤片综合实验

一、零件图（图7-45）

图7-45　粉碎机锤片

二、零件技术要求

预先热处理：<180HB。

最终热处理：50~60HRC。

三、方案要求

给定一份任务书，根据任务书内容做出方案。

方案必须包括以下内容：

1）分析零件的服役条件和失效形式。

2）根据服役条件和失效形式选择材料，对比适用的 2～3 种材料特性，结合实验室材料库现有的材料，依据材料的经济性和通用性最终选定一种。

3）列出材料的化学成分表，分析每种元素的作用。

4）明确零件的整个制造工艺路线，包括机械加工和热处理加工工艺（目的：了解 4 种普通热处理工艺安插在机械加工的哪些环节）。

5）列出材料的临界点，A_{C1}、A_{C3}、A_{r1}、A_{r3}（目的：了解退火、正火、淬火温度制订的依据）。

6）制订热处理工艺，包括预先热处理工艺和最终热处理工艺，并画出热处理工艺图。

7）叙述预先、最终热处理的目的。

第二节　实验中常见的金相图及组织分析

材料：20 钢

工艺情况：热轧状态

浸蚀剂：4% 硝酸酒精溶液

放大倍数：500×

金相组织：铁素体 + 珠光体

组织说明：组织沿轧制方向呈带状分布

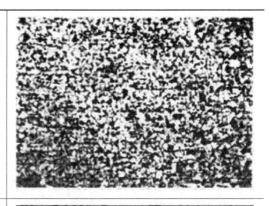

材料：Q235

处理工艺：正火

金相组织：等轴晶粒的铁素体 + 少量的片状珠光体

腐蚀剂：4% 硝酸酒精溶液

放大倍数：400×

组织说明：经过正火处理后，球状渗碳体转变为片状珠光体，提高了强度

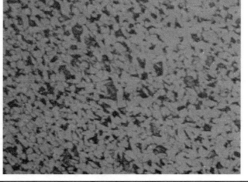

续表

材料：Q235

处理工艺：球化退火

金相组织：**铁素体＋粒状渗碳体**

腐蚀剂：4％硝酸酒精溶液

放大倍数：400×

组织说明：这种组织冷冲性能较好，但由于硬度太低，在攻螺纹时不易切削。粘刀，加工后表面粗糙度很差

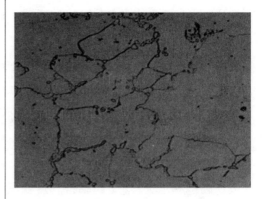

材料：20 钢

工艺情况：正火处理（加热至 920℃后风冷）

浸蚀剂：4％硝酸酒精溶液

放大倍数：500×

金相组织：**铁素体＋珠光体**

组织说明：白色块状为铁素体，黑色块状为片状珠光体，晶粒比较细小

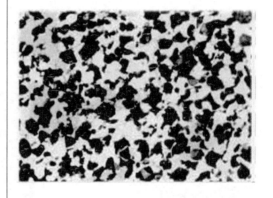

材料：20 钢

工艺情况：退火处理（加热至 900℃后炉冷）

浸蚀剂：4％硝酸酒精溶液

放大倍数：500×

金相组织：**铁素体＋珠光体**

组织说明：白色晶粒状为铁素体，灰黑色块状区为细片状珠光体，黑色细条状为晶界线

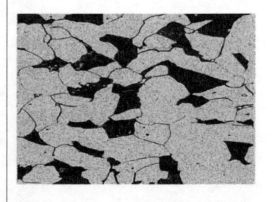

续表

材料：20 钢 工艺情况：加热至930℃，淬入5% NaCl 水溶液，180℃回火 浸蚀剂：4%硝酸酒精溶液 放大倍数：500× 硬度值：40~41HRC 金相组织：板条状马氏体 组织说明：板条状马氏体具有成排的特征，在显微镜下为一束束由许多尺寸大致相同并几乎平行排列的细板条结合起来的组织，每束内的条与条之间以小角度界分开，束与束之间有较大的位向差	
材料：Q235 处理工艺：840℃淬火 金相组织：少量的板条马氏体＋铁素体 腐蚀剂：4%硝酸酒精溶液 放大倍数：400× 组织说明：由于加热温度较低，珠光体转变为奥氏体，在冷却时转变为马氏体针状组织，铁素体未发生相变，被保留下来	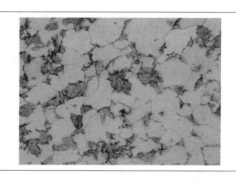
材料：Q235 工艺情况：950℃渗碳后缓冷 浸蚀剂：4%硝酸酒精溶液 放大倍数：60× 金相组织：细片状珠光体＋针状渗碳体＋铁素体 组织说明：由于渗碳温度过高，促使晶粒长大，且碳势亦高，导致组织中出现了过热渗碳魏氏组织。通常，碳素钢在920℃以下渗碳时，晶粒长大倾向性较小 第一层过共析渗碳层，组织为：细片状珠光体＋针状渗碳体，深度约为0.4mm，含碳量约为1.1% 第二层共析渗碳层，组织为：细片状珠光体，深度约为0.38mm，含碳约为0.77% 第三层亚共析渗碳过渡层，组织为：珠光体＋铁素体，有魏氏组织，深度约为0.53mm	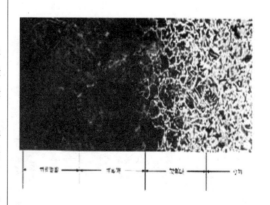

续表

材料：Q235 工艺情况：渗碳淬火 浸蚀剂：4%硝酸酒精 放大倍数：400× 表层组织：粗大针叶状马氏体+残余奥氏体 心部组织：低碳马氏体+贝氏体+铁素体 组织说明：表层高碳马氏体长成粗大针叶状，碳化物基本溶解，说明淬火温度过高，这种组织使得渗层的韧度下降，容易开裂，容易疲劳失效	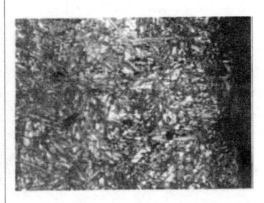 心部组织 400×　　表层组织 400×
材料：Q235 处理工艺：氮碳共渗 金相组织：表层为白亮氮化合物，次层为含氮铁素体 表面硬度：650~700HV0.1 腐蚀剂：4%硝酸酒精溶液 放大倍数：400× 组织说明：表面白色带深约0.01mm，为白亮氮化合物 层，次表面为含氮铁素体，组织正常	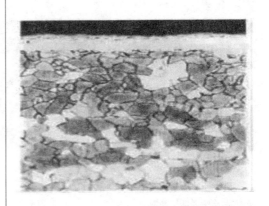
材料：20Cr 处理工艺：原材料（热轧） 金相组织：贝氏体+网状分布铁素体 腐蚀剂：4%硝酸酒精溶液 放大倍数：400× 组织说明：由于轧制后冷却速度较快，故析出网状分布铁素体，发生贝氏体转变，导致材料硬度29HRC左右	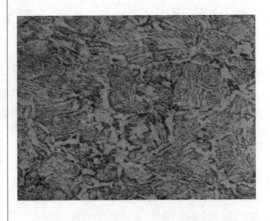

续表

材料：20Cr

处理工艺：正火

金相组织：贝氏体＋网状分布铁素体

腐蚀剂：4%硝酸酒精溶液

放大倍数：400×

组织说明：由于轧制后冷却速度较快，故析出网状分布铁素体，发生贝氏体转变，导致材料硬度29HRC左右

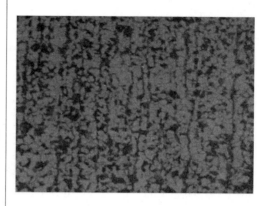

材料：20Cr

处理工艺：球化退火

780℃保温炉冷到500℃出炉

金相组织：白色基体为铁素体＋粒状碳化物

腐蚀剂：4%硝酸酒精溶液

放大倍数：400×

组织说明：经球化处理后，使珠光体发生球化，增加了材料的韧性及塑性

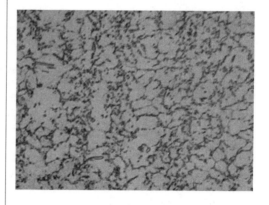

材料：20Cr

处理工艺：淬火，880℃保温油冷

金相组织：板条马氏体

腐蚀剂：4%硝酸酒精溶液

放大倍数：400×

组织说明：经加热淬火后，将使基体组织获得板条马氏体，具有较高的强度和韧性

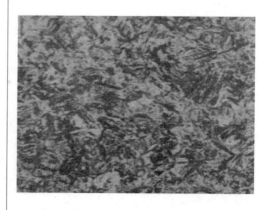

续表

材料：20Cr

工艺情况：渗碳淬火

浸蚀剂：4%硝酸酒精溶液

放大倍数：400×

表层组织：回火针状马氏体+残余奥氏体

表面硬度：59~61HRC

组织说明：放大100×后测得有效渗碳层深度
为0.35mm，由于渗碳淬火温度及碳势控制得
当，表层没有检测到有颗粒状的碳化物，高碳
马氏体形态也比较正常，为正常的渗碳淬火
组织

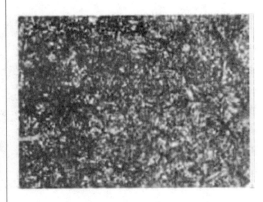

材料：20CrMnTi

处理工艺：原材料

金相组织：铁素体+片状珠光体

腐蚀剂：4%硝酸酒精溶液浸蚀

放大倍数：100×

组织说明：组织沿着轧制方向呈纤维状分布

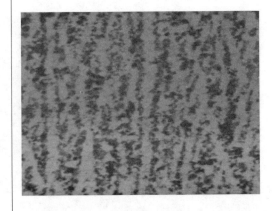

材料：20CrMnTi

处理工艺：正火

金相组织：贝氏体+铁素体+珠光体

腐蚀剂：4%硝酸酒精溶液浸蚀

放大倍数：100×

组织说明：表层组织为细小铁素体和珠光体

续表

材料：20CrMnTi

处理工艺：球化退火

金相组织：铁素体 + 粒状碳化物

腐蚀剂：4% 硝酸酒精溶液浸蚀

放大倍数：500 ×

组织说明：铁素体和点状碳化物

材料：20CrMnTi

处理工艺：淬火

金相组织：板条马氏体

腐蚀剂：4% 硝酸酒精溶液浸蚀

放大倍数：500 ×

组织说明：20CrMnTi 具有较好的淬透性，是车用齿轮，轴类的常用材料。具有很好的综合力学性能

材料：20CrMnTi

工艺情况：渗碳淬火

浸蚀剂：4% 硝酸酒精溶液

放大倍数：500 ×

硬度值：59 ~ 60HRC

金相组织：隐针马氏体 + 碳化物 + 残余奥氏体

组织说明：齿轮齿角处组织形样貌，白色碳化物呈颗粒状、块状分布，数量比较多。碳化物的评级可参照《汽车齿轮渗碳金相检验》进行评定

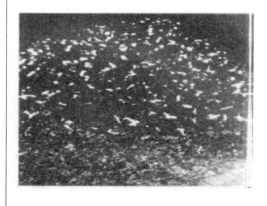

续表

材料：35CrMo

工艺情况：870℃正火处理

浸蚀剂：4%硝酸酒精溶液

放大倍数：500×

组织说明：片层珠光体及沿晶界分布的铁素体

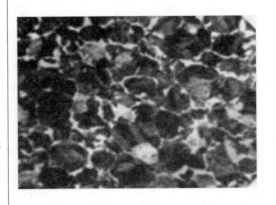

材料：35CrMo

工艺情况：退火处理

浸蚀剂：4%硝酸酒精溶液

放大倍数：100×

组织说明：黑色珠光体及白色铁素体，呈带状
偏析分布，晶粒粗大

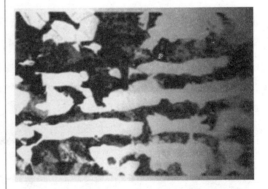

材料：35CrMo

工艺情况：退火处理

浸蚀剂：4%硝酸酒精溶液

放大倍数：100×

组织说明：黑色细珠光体及白色铁素体，呈明
显的带状偏析，带状组织相当于3级

续表

材料：35CrMo

工艺情况：860℃加热油冷淬火

浸蚀剂：4%硝酸酒精溶液

放大倍数：500×

组织说明：淬火马氏体，硬度为62HRC，淬火加热温度适中，得到的针状马氏体的大小也适中

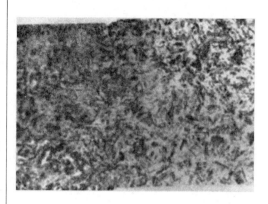

材料：35CrMo

工艺情况：860℃加热淬火、500℃回火

浸蚀剂：4%硝酸酒精溶液

放大倍数：500×

组织说明：较细小而又均匀的回火索氏体，典型的调质组织，硬度为33~35HRC

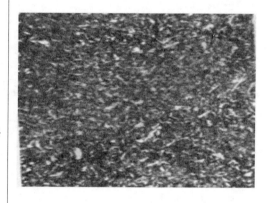

材料：42CrMo

处理工艺：退火

金相组织：铁素体+珠光体

腐蚀剂：4%硝酸酒精溶液

放大倍数：100×

组织说明：组织沿着轧制方向呈带状分布

续表

材料：42CrMo

处理工艺：供应状态的原材料

金相组织：索氏体和少量上贝氏体

腐蚀剂：4%硝酸酒精溶液

放大倍数：500×

组织说明：该材料在热轧空冷状态下，由于变形和冷却较快，从而得到索氏体和少量上贝氏体，组织硬度较高

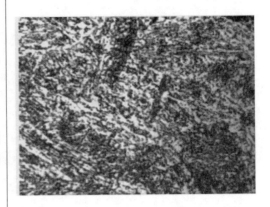

材料：42CrMo

处理工艺：正火状态

金相组织：片层状珠光体和沿晶界呈网络状分布的铁素体

腐蚀剂：4%硝酸酒精溶液

放大倍数：500×

组织说明：属正常组织，但组织不均匀，硬度值为220HBW

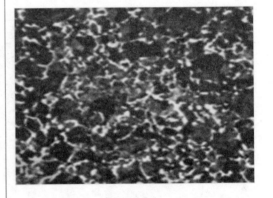

材料：42CrMo

处理工艺：900℃加热

金相组织：淬火针状马氏体

腐蚀剂：4%硝酸酒精溶液

放大倍数：500×

组织说明：在较高（900℃）温度下加热淬火，得到中等的针状淬火马氏体组织

续表

材料：42CrMo

处理工艺：860℃淬火 + 600℃回火

金相组织：保持马氏体位向的回火索氏体

腐蚀剂：4%硝酸酒精溶液

放大倍数：500 ×

组织说明：加热保温时间过长，组织较粗大

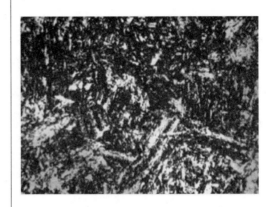

材料：42CrMo

处理工艺：860℃淬火 + 200℃回火

金相组织：回火马氏体

腐蚀剂：4%硝酸酒精溶液

放大倍数：400 ×

组织说明：由于原材料中存在沿轧制方向的带状偏析，淬火后的马氏体组织依然保留了带状分布

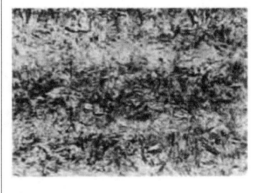

材料：42CrMo

处理工艺：调质

金相组织：回火索氏体 + 上贝氏体

腐蚀剂：4%硝酸酒精溶液

放大倍数：400 ×

组织说明：工件淬火进入冷却介质时停留时间较长，或大截面心部淬不透的情况下容易出现上贝氏体组织。贝氏体组织的形成，将降低淬火材料的硬度和强度

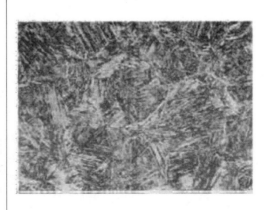

续表

材料：38CrMoAl

处理工艺：正火

金相组织：铁素体＋珠光体

腐蚀剂：4%硝酸酒精溶液

放大倍数：400 ×

组织说明：白色块状为铁素体，基体片层状为
珠光体

材料：38CrMoAl

处理工艺：调质

金相组织：回火索氏体

腐蚀剂：4%硝酸酒精溶液

放大倍数：400 ×

组织说明：回火索氏体依然保留马氏体位向，
组织分布均匀

材料：38CrMoAl

处理工艺：调质

金相组织：回火索氏体＋铁素体

腐蚀剂：4%硝酸酒精溶液

放大倍数：400 ×

组织说明：由于加热保温时间不足，导致基体
上残留有少量的铁素体未能被完全溶解

续表

材料：38CrMoAl

处理工艺：调质 + 气体渗氮

腐蚀剂：4% 硝酸酒精溶液

放大倍数：400 ×

组织说明：

渗氮层：化合物（白亮层）+ 脉状氮化物 + 扩散层

基体组织：回火索氏体

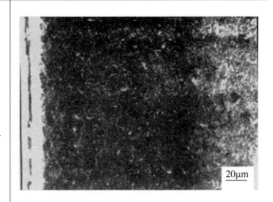

材料：45 钢

处理工艺：热轧

腐蚀剂：4% 硝酸酒精溶液

金相组织：铁素体 + 珠光体

放大倍数：100 ×

组织说明：组织循加工方向呈带状分层分布，晶粒比较细小，带状组织具有性能的方向性，即沿带状纵向的抗拉强度高，韧度也好，但横向的性能就比较差，不仅强度低，韧度也差。带状组织的严重程度，可根据 GB/T 13299 - 1991《钢的显微组织评定方法》进行评定

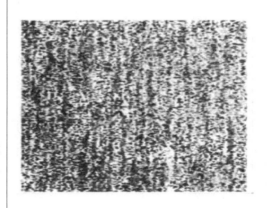

材料：45 钢

处理工艺：退火处理

金相组织：铁素体 + 珠光体

腐蚀剂：4% 硝酸酒精溶液

放大倍数：400 ×

组织说明：灰黑色区为细片状及粗片状珠光体，沿晶界析出白色条状铁素体

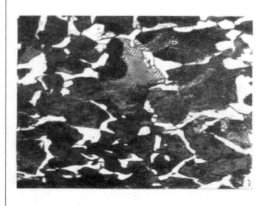

续表

材料：45 钢

处理工艺：正火处理

金相组织：铁素体＋珠光体

腐蚀剂：4% 硝酸酒精溶液

放大倍数：500 ×

组织说明：灰黑色区为片状珠光体，白色区为
铁素体

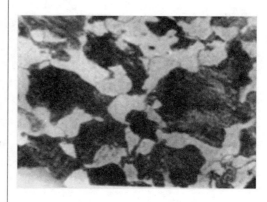

材料：45 钢

处理工艺：高频淬火处理

金相组织：白色片区为高频淬硬层，黑色片区
是心部（调质）组织

腐蚀剂：4% 硝酸酒精溶液

放大倍数：50 ×

组织说明：可以用金相观察法检测高频淬火层
深度，直接测量法

材料：45 钢

处理工艺：高频淬火

金相组织：（表层淬火区）中碳淬火马氏体

腐蚀剂：4% 硝酸酒精溶液

放大倍数：500 ×

组织说明：正常的感应高频淬火显微组织，马
氏体针大小适中，按照高频感应加热淬火标准
评定为 4 级，硬度为 58HRC

续表

材料：45 钢

处理工艺：860℃油冷淬火

金相组织：淬火托氏体+少量淬火马氏体及呈白色网络状的铁素体

腐蚀剂：4%硝酸酒精溶液

放大倍数：500×

组织说明：加热温度正常，但由于采用油冷，冷却速度比较缓慢，以致出现淬火铁素体和托氏体，该组织的硬度比正常水淬偏低

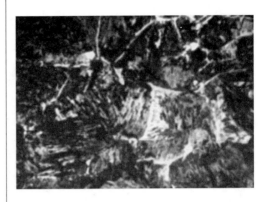

材料：45 钢

处理工艺：860℃淬火+600℃回火

金相组织：回火索氏体

腐蚀剂：4%硝酸酒精溶液

放大倍数：500×

组织说明：回火索氏体依然保持马氏体位向，是典型的调质组织，硬度为28HRC

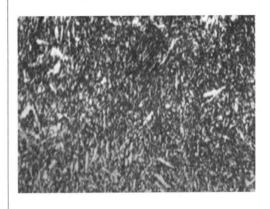

材料：45 钢

处理工艺：调质后氮碳共渗

金相组织：表层为白亮氮化合物，次层为含氮索氏体

表面硬度：650~700HV0.1

腐蚀剂：4%硝酸酒精溶液

放大倍数：400×

组织说明：表面白色带深约0.01mm，为白亮氮化合物层，次表面为含氮索氏体，组织正常

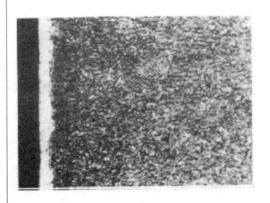

续表

材料：40Cr

处理工艺：热轧

腐蚀剂：4%硝酸酒精溶液

金相组织：铁素体＋珠光体

放大倍数：100×

组织说明：珠光体（约占75%）、网状铁素体（25%）

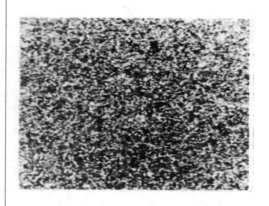

材料：40Cr

处理工艺：退火处理

腐蚀剂：4%硝酸酒精溶液

金相组织：铁素体＋珠光体

放大倍数：400×

组织说明：典型的退火组织，珠光体及网状分布的铁素体，晶粒比较细小

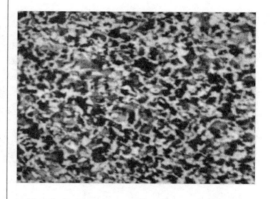

材料：40Cr

处理工艺：正火处理

腐蚀剂：4%硝酸酒精溶液

金相组织：铁素体＋珠光体

放大倍数：500×

组织说明：基体为珠光体及少量铁素体，大部分铁素体呈网状分布，小部分呈成排的针状分布

续表

材料：40Cr

处理工艺：正火处理

腐蚀剂：4%硝酸酒精溶液

金相组织：铁素体＋珠光体＋上贝氏体

放大倍数：500×

组织说明：上贝氏体呈羽毛状形态，铁素体沿晶界析出。40Cr钢在正火连续冷却过程中，于一定的冷却条件下，有可能出现上贝氏体

材料：40Cr

处理工艺：860℃加热后油冷淬火

腐蚀剂：4%硝酸酒精溶液

金相组织：中等针状淬火马氏体

放大倍数：500×

组织说明：典型的40Cr淬火组织。加热温度适当，奥氏体合金化充分

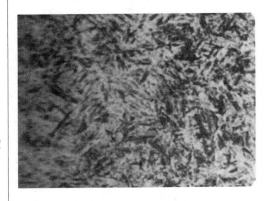

材料：40Cr

处理工艺：860℃油冷淬火＋420℃回火

腐蚀剂：4%硝酸酒精溶液

金相组织：回火托氏体

放大倍数：500×

组织说明：硬度为43~44HRC，回火比较充分，马氏体的针叶特征已基本消失

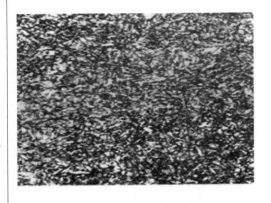

续表

材料：40Cr

处理工艺：860℃油冷淬火＋580℃回火

腐蚀剂：4%硝酸酒精溶液

金相组织：回火索氏体

放大倍数：500×

组织说明：硬度为30～32HRC左右，回火比较充分，马氏体已经全部转变成回火索氏体，回火索氏体上均匀分布着多量颗粒状渗碳体

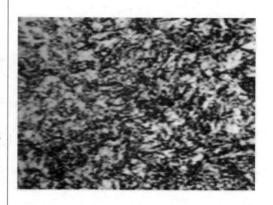

材料：3Cr2Mo（P20/718）

处理工艺：860℃油冷淬火

腐蚀剂：4%硝酸酒精溶液

金相组织：针状马氏体＋少量残余奥氏体

放大倍数：500×

组织说明：硬度为50～54HRC左右

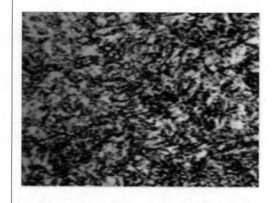

材料：3Cr2Mo（P20/718）

处理工艺：860℃油冷淬火＋620℃回火

腐蚀剂：4%硝酸酒精溶液

金相组织：回火索氏体

放大倍数：500×

组织说明：硬度为28～36HRC左右。塑料模具一般都是以调质状态出厂，也称为预硬钢，既有良好的机加工性能，又具有一定的硬度，使抛光效果大为提高，特别适合做塑料模具

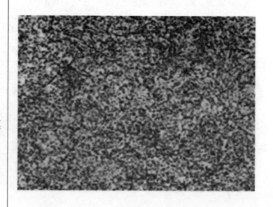

续表

材料：3Cr2Mo（P20/718）

处理工艺：850℃保温油冷淬火

金相组织：板条马氏体＋片状马氏体

腐蚀剂：4％硝酸酒精溶液

放大倍数：400×

组织说明：属于中碳低杂质含量的合金结构钢，热处理后的组织与一般合金结构钢相同，硬度可达到55HRC

材料：3Cr2W8

处理工艺：850℃降720℃球化退火

金相组织：点状和细球状珠光体

腐蚀剂：4％硝酸酒精溶液

放大倍数：400×

组织说明：点状和细球状珠光体按有关标准评定球化退火质量，约为3级

材料：3Cr2W8

处理工艺：850℃降720℃球化退火

金相组织：点状和细粒状珠光体

腐蚀剂：4％硝酸酒精溶液

放大倍数：400×

组织说明：点状和细粒状珠光体，未见有共晶碳化物，试样表面有脱碳现象

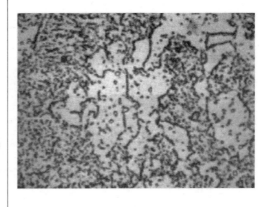

续表

材料：3Cr2W8

处理工艺：1050℃油淬＋600℃回火

金相组织：隐针马氏体＋残余奥氏体＋剩余碳化物

腐蚀剂：4%硝酸酒精溶液

放大倍数：400×

组织说明：硬度约为46HRC，由于采用下限淬火温度加热，马氏体针比较细小，呈隐针状

材料：3Cr2W8

处理工艺：1100℃油淬＋600℃回火

金相组织：针状马氏体＋残余奥氏体＋剩余碳化物

腐蚀剂：4%硝酸酒精溶液

放大倍数：400×

组织说明：硬度约为48HRC，由于采用上限淬火温度加热，马氏体针约为3级

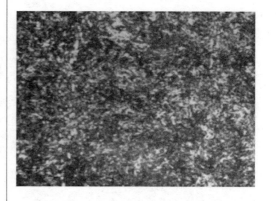

材料：3Cr2W8V

处理工艺：淬火、回火后加氮化处理

金相组织：白色氮化合物＋马氏体＋碳化物

表面硬度值：800HV0.1

腐蚀剂：4%硝酸酒精溶液

放大倍数：400×

组织说明：表面为灰白色氮化物层，并沿奥氏体晶粒向内呈网状分布，渗氮层深度为0.1mm，心部组织为马氏体和碳化物颗粒

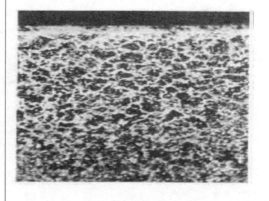

续表

材料：60Si2Mn

处理工艺：退火状态

金相组织：片状珠光体＋铁素体

腐蚀剂：4%硝酸酒精溶液

放大倍数：400×

组织说明：珠光体呈片层状分布，铁素体呈断续网状分布，属正常退火组织

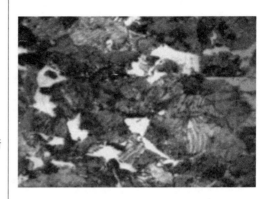

材料：60Si2Mn

处理工艺：860℃油淬

金相组织：中等针状马氏体

腐蚀剂：4%硝酸酒精溶液

放大倍数：400×

组织说明：属正常淬火组织，该材料的淬火温度一般为840～870℃，不同的加热温度可以得到不同粗细的针状淬火马氏体

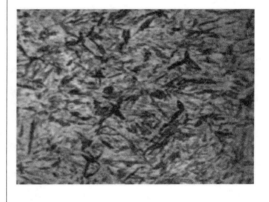

材料：60Si2Mn

处理工艺：860℃油淬＋450℃回火

金相组织：回火托氏体

腐蚀剂：4%硝酸酒精溶液

放大倍数：400×

组织说明：硬度约为47～48HRC，由于回火的作用，促使过饱和的马氏体析出极为弥散的碳化物，导致基体易受侵蚀而变黑

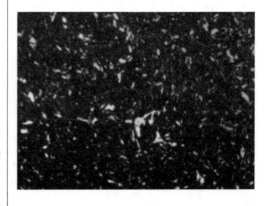

续表

材料：65Mn

处理工艺：球化退火

金相组织：球状珠光体

腐蚀剂：4%硝酸酒精溶液

放大倍数：400×

组织说明：在铁素体基体上均匀分布着球粒状碳化物，属良好球化退火组织，球粒状碳化有利于钢在以后的冷变形加工

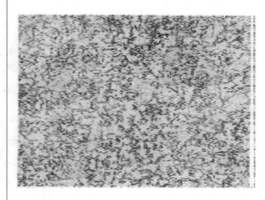

材料：65Mn

处理工艺：球化退火

金相组织：球状珠光体

腐蚀剂：4%硝酸酒精溶液

放大倍数：400×

组织说明：在铁素体基体上均匀分布着球粒状碳化物，属良好球化退火组织，球粒状碳化有利于钢在以后的冷变形加工

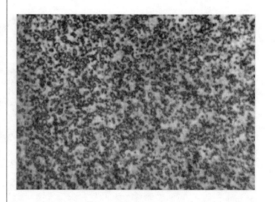

材料：65Mn

处理工艺：850℃淬火、480℃回火

金相组织：回火托氏体+少量的铁素体

硬度值：34~36HRC

腐蚀剂：4%硝酸酒精溶液

放大倍数：400×

组织说明：保温时间不足，导致少量铁素体未能完全溶解，淬火处理后硬度偏低

续表

材料：65Mn

处理工艺：880℃淬火、450℃回火

金相组织：回火托氏体＋少量的残余奥氏体

硬度值：46~48HRC

腐蚀剂：4%硝酸酒精溶液

放大倍数：400×

组织说明：加热温度略高，比正常组织稍微有点偏大

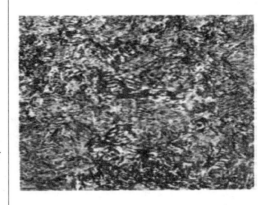

材料：T10

处理工艺：860℃加热保温后炉冷

金相组织：粗大片状珠光体

腐蚀剂：3%苦味酸酒精溶液

放大倍数：400×

组织说明：退火温度过高，导致组织粗大，珠光体呈粗大片状，渗碳体沿晶界呈断续网状分布

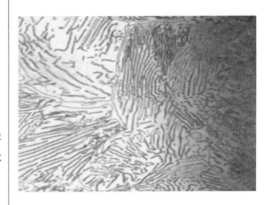

材料：T10

处理工艺：球化退火

金相组织：较细球粒状珠光体

腐蚀剂：4%硝酸酒精溶液

放大倍数：400×

组织说明：属于正常球化退火组织，该组织有利于后续的切削加工，同时为淬火做好组织上的准备

续表

材料：T10

处理工艺：球化退火

金相组织：球粒状珠光体 + 片状珠光体

腐蚀剂：4%硝酸酒精溶液

放大倍数：400 ×

组织说明：球化不完全，由于退火温度偏低出现10%左右的片状珠光体

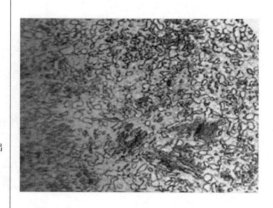

材料：T10

处理工艺：760℃淬火

金相组织：隐针马氏体 + 残余奥氏体 + 细颗粒状二次渗碳体

腐蚀剂：4%硝酸酒精溶液

放大倍数：400 ×

组织说明：淬火温度偏低，致使为溶解的渗碳体颗粒较正常淬火时多

材料：T10

处理工艺：800℃淬火

金相组织：隐针马氏体 + 残余奥氏体 + 细颗粒状二次渗碳体

腐蚀剂：4%硝酸酒精溶液

放大倍数：400 ×

组织说明：细密的淬火组织，加热保温时间比较合适，属正常淬火组织

续表

材料：T12

处理工艺：锻造后空冷

金相组织：珠光体＋渗碳体

腐蚀剂：4％硝酸酒精溶液

放大倍数：100×

组织说明：白色网状及针状组织是渗碳体，黑色基体组织是珠光体，锻造时停锻温度较高，晶粒粗大

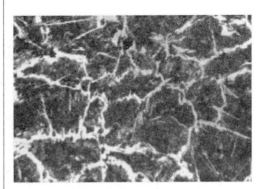

材料：T12

处理工艺：800℃退火

金相组织：珠光体＋渗碳体

腐蚀剂：4％硝酸酒精溶液

放大倍数：500×

组织说明：由于退火温度较高，冷却缓慢，导致珠光体呈粗片状，碳化物沿奥氏体晶界呈网络状析出

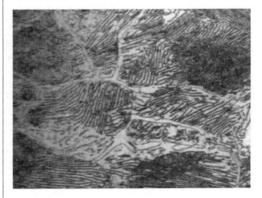

材料：T12

处理工艺：球化退火

金相组织：球粒状珠光体

腐蚀剂：4％硝酸酒精溶液

放大倍数：500×

组织说明：细小而均匀分布的球粒状珠光体，属正常的球化退火组织

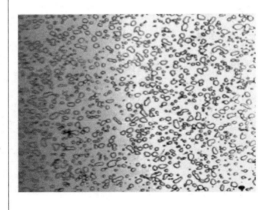

续表

材料：T12

处理工艺：780℃淬火

金相组织：马氏体＋残余奥氏体＋碳化物

腐蚀剂：4%硝酸酒精溶液

放大倍数：500×

组织说明：加热及保温温度控制合理，淬火后获得中等针状的马氏体，碳化物溶解比较理想

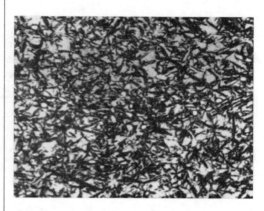

材料：T12

处理工艺：780℃淬火＋180℃回火

金相组织：马氏体＋残余奥氏体＋碳化物

腐蚀剂：4%硝酸酒精溶液

放大倍数：500×

组织说明：黑色基体为回火马氏体，白色颗粒为二次渗碳体，回火比较充分，马氏体受侵蚀而变成黑色

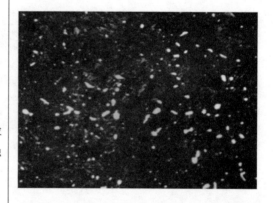

材料：GCr15

处理工艺：锻造后空冷

金相组织：珠光体＋二次渗碳体

腐蚀剂：4%硝酸酒精溶液

放大倍数：500×

组织说明：锻造时停锻温度较高，晶粒粗大，部分白色二次渗碳体沿晶界主网络状分布

续表

材料：GCr15

处理工艺：球化退火

金相组织：球状珠光体

腐蚀剂：4%硝酸酒精溶液

放大倍数：500×

组织说明：基体组织为均匀分布的球状珠光体。碳化物颗粒较细小，呈点、球状分布，属正常球化退火的显微组织

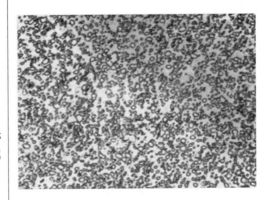

材料：GCr15

处理工艺：球化退火

金相组织：球状珠光体 + 片状珠光体

腐蚀剂：4%硝酸酒精溶液

放大倍数：500×

组织说明：在球粒化珠光体基体上分布有20%左右的粗片状珠光体

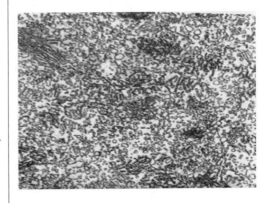

材料：GCr15

处理工艺：850℃淬火 + 160℃回火

金相组织：回火马氏体 + 残余奥氏体 + 碳化物

腐蚀剂：4%硝酸酒精溶液

放大倍数：500×

组织说明：碳化物呈细小颗粒状，回火马氏体呈隐针状，马氏体的亮区及黑区仍较明显，属正常淬火、低温回火的显微组织

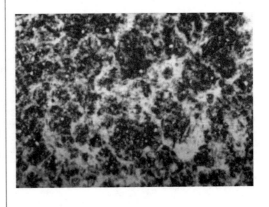

续表

材料：GCr15

处理工艺：840℃淬火 + 160℃回火

金相组织：回火马氏体 + 残余奥氏体 + 碳化物

腐蚀剂：4%硝酸酒精溶液

放大倍数：500 ×

组织说明：碳化物呈颗粒状，回火马氏体呈隐针状，残留碳化物数量比较多且有部分呈粗大颗粒分布

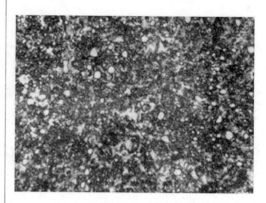

材料：H13

处理工艺：球化退火

金相组织：珠光体

腐蚀剂：4%硝酸酒精溶液

放大倍数：500 ×

组织说明：珠光体呈点状和小球状分布，球化质量相当于2级

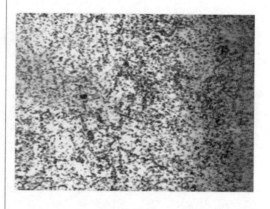

材料：H13

处理工艺：1050℃油淬 + 530℃回火

金相组织：回火马氏体 + 回火托氏体 + 剩余碳化物

腐蚀剂：4%硝酸酒精溶液

放大倍数：500 ×

组织说明：属正常淬火组织

续表

材料：H13

处理工艺：1050℃油淬 + 630℃回火

金相组织：回火托氏体 + 回火索氏体 + 剩余碳化物

腐蚀剂：4% 硝酸酒精溶液

放大倍数：500 ×

组织说明：属正常淬火组织

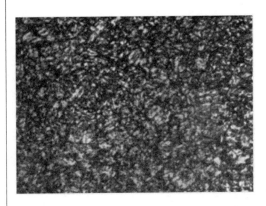

材料：H13

处理工艺：淬火、回火后加氮化处理

金相组织：白色氮化合物 + 托氏体 + 碳化物

表面硬度值：888 ~ 946HV0.1

腐蚀剂：4% 硝酸酒精溶液

放大倍数：400 ×

组织说明：表面白亮层为 ε 相化合物层，化合物层有明显向内扩展的脉状相；次表层为呈黑色的金属氮化物高度弥散分布的氮化托氏体，与基体有较明显的界限，可测得渗氮层深度约为 0.12mm

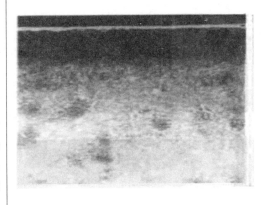

材料：Cr12

处理工艺：球化退火

金相组织：共晶碳化物 + 珠光体

腐蚀剂：4% 硝酸酒精溶液

放大倍数：400 ×

组织说明：块状、颗粒状白色的组织是共晶碳化物，黑色的点状、细颗粒状组织是珠光体

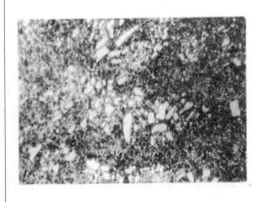

续表

材料：Cr12

处理工艺：淬火、回火后加氮化处理

金相组织：白色氮化合物＋索氏体＋碳化物

表面硬度值：680～720HV0.1

腐蚀剂：4%硝酸酒精溶液

放大倍数：400×

组织说明：表面为灰白色氮化合物层，深度为

6－10μm，向内为扩散层，心部组织为索氏体

和颗粒状合金碳化物，以及部分共晶碳化物

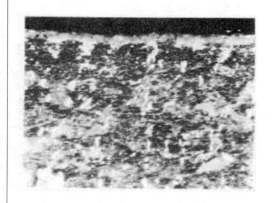

材料：Cr12

处理工艺：980℃油淬＋180℃回火

金相组织：回火马氏体＋残余奥氏体＋共晶碳

化物

腐蚀剂：4%硝酸酒精溶液

放大倍数：400×

组织说明：基体为回火马氏体，白色颗粒状及

块状为共晶碳化物

回火比较充分

材料：Cr12

处理工艺：1000℃油淬＋180℃回火

金相组织：回火马氏体＋残余奥氏体＋共晶碳

化物

腐蚀剂：4%硝酸酒精溶液

放大倍数：400×

组织说明：基体为回火马氏体，白色颗粒状及

块状为共晶碳化物

回火比较充分，共晶碳化物呈带状偏析

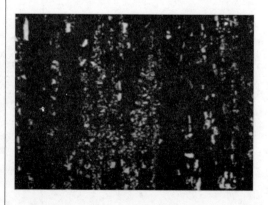

续表

材料：Cr12MoV

处理工艺：球化退火

金相组织：珠光体＋共晶碳化物

腐蚀剂：4%硝酸酒精溶液

放大倍数：400×

组织说明：典型的球化退火组织，基体为珠光体，稍大颗粒及块状为共晶碳化物

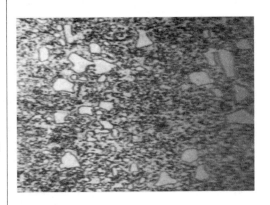

材料：Cr12MoV

处理工艺：1020℃油淬＋180℃回火

金相组织：回火马氏体＋共晶碳化物＋残余奥氏体

腐蚀剂：4%硝酸酒精溶液

放大倍数：400×

组织说明：基体为回火马氏体，少量残余奥氏体，块状碳化物较粗大，呈带状及网状分布，碳化物不均匀程度高

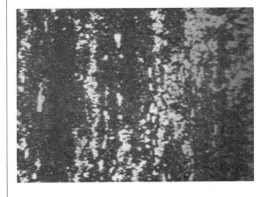

材料：Cr12MoV

处理工艺：1020℃油淬＋180℃回火

金相组织：回火马氏体＋共晶碳化物＋残余奥氏体

腐蚀剂：4%硝酸酒精溶液

放大倍数：400×

组织说明：基体为回火马氏体，少量残余奥氏体，白色大块状为共晶碳化物

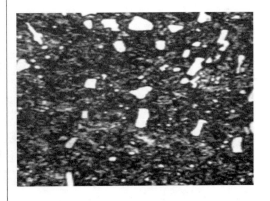

续表

材料：9SiCr

处理工艺：退火

金相组织：珠光体

腐蚀剂：4％硝酸酒精溶液

放大倍数：400×

组织说明：退火不充分，组织为较细的球状珠光体，球化不完全，尚有相当部分片状珠光体存在

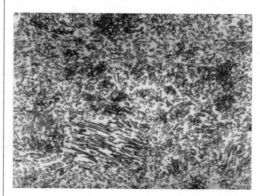

材料：9SiCr

处理工艺：870℃淬火

金相组织：淬火马氏体＋残余奥氏体＋粒状碳化物

腐蚀剂：4％硝酸酒精溶液

放大倍数：400×

组织说明：隐针状马氏体，淬火黑区与白区共存，残留奥氏体比较多

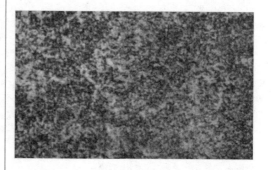

材料：9SiCr

处理工艺：840℃淬火＋180℃回火

金相组织：淬火马氏体＋残余奥氏体＋粒状碳化物

腐蚀剂：4％硝酸酒精溶液

放大倍数：400×

组织说明：极细的隐针状回火马氏体，白色颗粒状为溶解的碳化物，分布均匀，硬度为62HRC，属正常的淬火、回火组织

续表

材料：9SiCr

处理工艺：850℃淬火＋180℃回火

金相组织：淬火马氏体＋残余奥氏体＋碳化物

腐蚀剂：4％硝酸酒精溶液

放大倍数：400×

组织说明：黑色基体为细针状回火马氏体，白色断续网状为二次渗碳体，网状碳化物约为3级

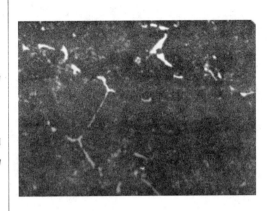

参 考 文 献

［1］中国机械工程学会热处理分会．热处理工程师手册［M］．北京：机械工业出版社，1999.

［2］蔡美良，等，新编工模具钢金相热处理［M］．北京：机械工业出版社，2001.

［3］梁耀能．机械工程材料（第2版）［M］．广州：华南理工大学出版社，2011.

［4］彭成红．机械工程材料综合实验［M］．广州：华南理工大学出版社，2012.

［5］叶宏，等．金属材料与热处理（第2版［M］．北京：化学工业出版社，2015.

［6］吴晶，等．机械工程材料实验指导书［M］．北京：化学工业出版社，2006.